HERTA GESSNER

Veränderliche Sterne am Südhimmel

Teil IV

Veröffentlichungen der Sternwarte in Sonneberg Band 6, Heft 6

AKADEMIE DER WISSENSCHAFTEN DER DDR
Zentralinstitut für Astrophysik

Sternwarte Sonneberg

Veröffentlichungen

Band VI

Akademie-Verlag · Berlin 1963—1974

Inhalt

AKADEMIE DER WISSENSCHAFTEN DER DDR
Zentralinstitut für Astrophysik

Veröffentlichungen der Sternwarte in Sonneberg

Band 6 · Heft 6

HERTA GESSNER

Veränderliche Sterne am Südhimmel

Teil IV

Akademie-Verlag · Berlin 1974

Erschienen im Akademie-Verlag, 108 Berlin, Leipziger Straße 3–4

Lizenznummer: 202 · 100/471/74
Gesamtherstellung: VEB Druckerei „Thomas Müntzer", 582 Bad Langensalza
Bestellnummer: 761 939 6 (2006/VI/6) · LSV 1495
Printed in GDR
EVP 15,–

Zusammenfassung

Vorliegende Veröffentlichung enthält die Bearbeitung von 189 Veränderlichen, die C. HOFFMEISTER im Feld β Apodis bei 15 Vergleichungen entdeckt hat (Veröffentlichungen Sonneberg 6,Heft 1). Das Feldzentrum liegt bei -18^{0} galaktischer Breite; die Bearbeitung des Feldes stellt einen weiteren Beitrag zur Untersuchung des galaktischen Halos einschließlich seiner zentralen Teile dar. Andererseits erklärt sich der im Verhältnis zu den Ergebnissen bei α und ε Pavonis (Veröffentlichungen Sonneberg 6,Heft 5) leicht erhöhte Anteil an Bedeckungssternen wahrscheinlich aus dem geringen Abstand vom galaktischen Äquator: Das vorliegende Feld nimmt eine Übergangsstellung hinsichtlich der Erfassung der Populationen ein.

Summary

The present publication contains the processing of 189 Sonneberg variables discovered by C. HOFFMEISTER in the field β Apodis. The galactic latitude of -18^{0} is such that a high number of population II objects (RR Lyraes and Miras of short period) were found, but is low enough to permit eclipsing variables to occur to a rather high percentage (see table page 384). For details concerning the astrographs used see Veröffentlichungen Sonneberg 6,Heft 5; the discovery of the objects is announced in Veröffentlichungen Sonneberg 6, Heft 1 (including charts).

Einleitung

Die im vorliegenden Teil IV der Reihe "Veränderliche Sterne am Südhimmel" publizierten Untersuchungen im Feld β Aps stützen sich auf 65 Platten des Zeitabschnitts 243 6690 bis 6836, die zu etwa gleichen Teilen mit den in der Entdeckungsanzeige (Veröffentlichungen Sonneberg 6,Heft 1) genannten Astrographen gewonnen wurden. Die Helligkeiten der Vergleichssterne wurden durch Anschluß an das Selected Area 204 ermittelt.

Verteilung der Veränderlichen auf die Haupttypen

Bedeckungssterne	49
RR Lyrae	80
Mira	16
SR und L	39
I	1
U Geminorum	2
konstant	2
	189

Feld β Apodis

Name	α 1875.0	δ 1875.0	Art	Phase	Epoche 24 ...	Periode	Max.	Min.	Seite
XZ Aps	$14^h 36^m 4^s$	$-79^\circ 9'.4$	RRab	Max.	28715.330	$0^d.587434$	$10^m.8$	$12^m.8$	393
S 5494 Aps	14 45 22	-78 15.9	L	–	–	–	12.8	14.9	393
YZ Aps	14 54 7	-77 53.8	RRab	Max.	36809.410	0.489	11.4	13.1	393
S 5496 Aps	14 57 7	-79 3.4	EW?	Min.	36720.411	0.29615	13.4	13.9	393
S 5497 Aps	15 0 37	-78 44.2	RRab	Max.	36730.347	0.53325	13.9	15.6	394
ZZ Aps	15 1 8	-77 28.2	RRc	Max.	36694.43	0.3774	13.0	13.4	395
AA Aps	15 2 30	-77 8.8	RRab	Max.	36728.525	0.5417	13.7	14.5	396
S 5500 Aps	15 2 46	-78 51.1	L	–	–	–	13.2	13.9	396
AB Aps	15 3 4	-78 12.9	RRab	Max.	36728.380	0.48185	12.5	13.8	396
S 5502 Aps	15 6 24	-78 22.6	L	–	–	–	13.8	14.8	397
AD Aps	15 9 55	-78 4.0	RRab	Max.	36725.450	0.5503	13.5	14.9	397
AE Aps	15 10 58	-76 36.9	RRab	Max.	36732.300	0.44677	13.8	15.0	398
AF Aps	15 14 37	-77 54.5	EW	Min.	36690.399	0.7975	13.4	14.1	398
S 5506 Aps	15 14 38	-76 32.0	EB	Min.	36690.42	0.4991	14.6	15.4	399
AG Aps	15 15 34	-75 18.5	UG	–	–	–	14.3	[16.0	400
AH Aps	15 16 36	-79 55.1	RRab	Max.	36720.440	0.4887	14.7	15.8	400
S 5509 Aps	15 18 32	-77 9.4	RRab	Max.	36759.290	0.5032	14.4	15.7	400
S 5510 Aps	15 19 34	-77 48.5	EW	Min.	36729.450	0.6353	14.5	15.0	400
AI Aps	15 21 33	-74 38.8	RRab	Max.	36729.430	0.55415	14.3	15.7	401
AK Aps	15 21 50	-73 57.7	RRab	Max.	36728.480	0.66315	13.7	15.1	401
AL Aps	15 22 41	-75 19.5	E	–	–	–	12.7	13.4	402

S 5514 Aps	$15^h24^m37^s$	-76° 9'.3	L	–	–	–	$12^m.5$	$12^m.9$	402
S 5515 Aps	15 25 28	-72 15.1	RR?	–	–	–	14.6	[15.5	402
AM Aps	15 25 37	-73 56.9	RRab	Max.	36690.415	$0^d.606$	14.7	15.7	403
S 5517 Aps	15 25 42	-72 45.4	M?	–	–	–	13.3	15.0	403
S 5518 Aps	15 26 4	-76 14.6	L	–	–	–	12.6	13.0	403
S 5519 Aps	15 27 11	-79 54.8	EW	Min.	36694.433	0.43652	14.0	14.7	403
AN Aps	15 27 12	-73 33.1	EB	Min.	36761.270	1.0452	12.4	13.1	404
AP Aps	15 28 48	-75 50.8	EB	Min.	36720.50	5.378	14.4	15.5	404
AO Aps	15 28 58	-72 39.2	M?	–	–	–	14.1	[15.5	404
S 5523 Aps	15 30 28	-73 31.0	RRab	Max.	36694.410	0.49025	13.9	15.1	405
AQ Aps	15 30 35	-73 16.7	SR	Max.	36770	≈70	13.3	14.1	405
AR Aps	15 30 52	-72 0.8	RRab	Max.	36787.300	0.624	13.3	14.4	405
S 5526 Aps	15 32 12	-79 47.1	M?	–	–	–	12.9	14.1	406
AS Aps	15 32 46	-73 3.3	EW	Min.	36690.400	0.32310	13.4	13.8	406
AT Aps	15 33 12	-77 20.9	RRab	Max.	36720.370	0.49385	13.3	14.4	407
AU Aps	15 33 25	-76 3.5	RRab	Max.	36694.433	0.5673	13.1	14.0	407
S 5530 Aps	15 33 46	-74 41.2	SR	–	–	≈60	13.9	14.4	408
AV Aps	15 34 16	-74 7.2	EB	Min.	36690.405	0.7095	13.8	14.4	408
S 5532 Aps	15 37 21	-73 4.8	EW	Min.	36694.433	0.3752	13.9	14.3	409
S 5533 Aps	15 38 48	-75 43.5	SR	–	–	≈65	13.7	14.4	409
S 5534 Aps	15 40 29	-73 20.0	M	–	–	≈150	13.0	14.8	409
AX Aps	15 40 34	-73 20.0	RRab	Max.	36694.380	0.4855	14.6	15.7	409
AY Aps	15 41 9	-77 16.2	E	–	–	–	12.4	13.2	410
BB Aps	15 41 22	-77 29.7	RR?	–	–	–	12.3	13.2	410

AZ Aps	$15^h41^m36^s$	$-74^\circ20'.2$	RRab	Max.	36694.390	$0^d.599$	$13^m.8$	$15^m.8$	410
BC Aps	15 43 11	-76 7.5	RRab	Max.	36720.410	0.5727	13.1	13.9	411
S 5540 Aps	15 44 4	-74 25.8	E	–	–	–	14.3	14.8	411
BD Aps	15 44 6	-73 10.6	E	–	–	–	13.2	14.2	411
S 5542 Aps	15 45 53	-73 25.7	L	–	–	–	13.3	13.9	412
BE Aps	15 47 2	-79 13.3	M	–	–	–	13.9	[15.7	412
BF Aps	15 47 52	-80 41.2	RRab	Max.	36728.415	0.5544	14.0	15.4	412
S 5545 Aps	15 48 19	-79 28.3	EB	Min.	36728.405	0.956	12.3	12.9	412
S 5546 Aps	15 49 5	-73 25.4	L	–	–	–	12.8	13.3	413
BG Aps	15 51 32	-78 12.4	RRab	Max.	36732.325	0.5336	14.2	15.3	413
BH Aps	15 51 55	-76 29.7	EA	Min.	36728.435	3.652	10.8	13.4	413
S 5549 Aps	15 53 48	-74 41.7	L	–	–	–	14.8	[15.5	414
S 5550 Aps	15 53 48	-73 31.7	SR	–	–	–	12.2	12.7	414
BI Aps	15 54 35	-73 54.0	RRab	Max.	36690.385	0.5787	13.8	14.8	414
S 5552 Aps	15 55 18	-76 31.9	EW	Min.	36728.405	0.5841	13.2	13.7	414
S 5553 Aps	15 55 34	-81 11.9	E	–	–	–	14.0	14.4	415
BK Aps	15 56 44	-75 43.5	RRab	Max.	36733.500	0.608	14.1	15.2	415
BL Aps	15 57 37	-78 24.2	RRc	Max.	36690.400	0.2719	15.1	15.6	416
S 5556 Aps	15 57 40	-80 38.6	L	–	–	–	14.5	16.0:	416
BM Aps	15 58 40	-73 6.0	M?	Max.	36760	–	12.2	[15.5	416
S 5558 Aps	15 59 1	-73 26.3	L	–	–	–	14.6	15.5	417
S 5559 Aps	16 0 2	-73 30.7	E	–	–	–	13.2	15.6	417
S 5560 Aps	16 0 35	-73 34.8	L	–	–	–	14.4	15.5	417
S 5561 Aps	16 1 4	-78 35.8	EB	Min.	36728.426	0.4000	14.0	14.8	417

S 5562 Aps	$16^h\ 1^m56^s$	$-75°10'.4$	E	–	–	–	$13^m.7$	$14^m.7$	417
BN Aps	16 3 7	-73 53.4	RRab	Max.	36694.410	$0^d.520$	13.8	15.2	418
S 5564 Aps	16 3 39	-73 17.1	ost?	–	–	–	11.5	11.8	418
BO Aps	16 3 41	-72 17.7	E	–	–	–	12.2	14.0	418
BP Aps	16 3 59	-76 42.8	RRab	Max.	36775.218	0.452	13.0	14.2	418
BQ Aps	16 4 46	-80 52.2	RRab	Max.	36728.384	0.4563	13.0	14.3	419
S 5568 Aps	16 5 43	-78 56.2	L	–	–	–	13.2	13.7	419
BR Aps	16 6 12	-77 16.4	RRab	Max.	36725.450	0.810	14.8	15.5	420
BU Aps	16 7 7	-80 49.1	RRab	Max.	36728.330	0.634	14.5	15.3	420
BT Aps	16 7 29	-73 42.0	M	–	–	≈150	13.5	[15.8	420
BV Aps	16 7 42	-79 39.7	E	–	–	–	12.1	12.5	421
S 5573 Aps	16 8 10	-74 5.3	L	–	–	–	13.2	14.2	421
S 5574 Aps	16 8 57	-75 0.4	EB	Min.	36745.365	1.0312	14.2	14.9	421
BW Aps	16 9 0	-73 58.3	RRab	Max.	36720.430	0.5928	13.0	14.5	421
BX Aps	16 10 13	-75 41.0	RRc	Max.	36694.430	0.328	14.0	15.0	422
S 5577 Aps	16 10 24	-73 19.2	L	–	–	–	10.8	11.2	422
S 5578 Aps	16 10 29	-75 54.2	L	–	–	–	13.4	14.0	422
BZ Aps	16 10 53	-77 8.2	M	–	–	≥180	13.2	15.3	423
CC Aps	16 10 57	-79 33.8	M	Max.	36733	–	12.6	[15.5	423
BY Aps	16 11 6	-75 0.5	L	–	–	–	13.6	[15.6	423
S 5582 Aps	16 12 6	-74 33.0	EB	Min.	36694.450	0.8424	11.2	11.7	423
S 5583 Aps	16 13 8	-72 34.6	L	–	–	–	12.2	14.0	423
S 5584 Aps	16 [illegible] 10	-76 11.0	L	–	–	–	12.6	13.3	424
CD Aps	16 13 43	-80 29.1	E	–	–	–	11.3	11.8	424

S 5586 Aps	$16^h16^m35^s$	-76° 0.′6	RRab	Max.	36720.385	$0^d.569$	$12^m.8$	$13^m.7$	424
S 5587 Aps	16 17 45	−76 5.0	RRab	Max.	36694.370	0.5183	14.9	16.0	424
S 5588 Aps	16 19 54	−74 17.2	EB	Min.	36720.36	7.995	12.3	13.3	425
S 5589 Aps	16 20 50	−78 26.6	RRab	Max.	36729.290	0.5022	14.0	15.3	425
S 5590 Aps	16 21 11	−77 29.4	E	–	–	–	14.0	14.8	425
CH Aps	16 21 38	−80 40.7	RRab	Max.	36694.400	0.5097	13.2	14.1	426
S 5592 Aps	16 21 51	−72 50.8	L	–	–	–	13.7	14.1	426
CI Aps	16 23 23	−80 17.7	RRab	Max.	36728.320	0.5087	14.5	15.3	427
S 5594 Aps	16 25 16	−76 36.4	EW	Min.	36690.370	0.37142	13.4	13.8	427
S 5595 Aps	16 25 30	−76 59.5	EW?	–	–	–	13.0	13.3	428
CK Aps	16 26 38	−73 57.8	RRab	Max.	36690.450	0.6235	12.4	13.2	428
CL Aps	16 26 56	−74 20.7	RRab	Max.	36728.400	0.4539	13.4	14.6	428
CM Aps	16 27 32	−77 41.0	RRab	Max.	36728.350	0.5108	15.2	15.9	429
CN Aps	16 28 3	−75 48.2	E	–	–	–	14.7	15.5	429
S 5600 Aps	16 28 40	−77 0.5	RRc	Max.	36690.380	0.2975	13.6	14.1	430
S 5601 Aps	16 29 10	−78 40.6	L	–	–	–	11.3	12.0	430
S 5602 Aps	16 31 22	−80 41.9	EW	Min.	36694.410	0.3046	14.2	14.6	430
CP Aps	16 32 28	−81 36.6	RRab	Max.	36690.360	0.53065	13.5	15.0	430
CO Aps	16 33 13	−75 22.5	RRab	Max.	36720.405	0.5945	14.2	15.2	431
S 5605 Aps	16 33 19	−79 11.4	E	–	–	–	14.3	14.7	431
S 5606 Aps	16 33 53	−80 54.9	ost?	–	–	–	15.5	15.8	432
S 5607 Aps	16 35 24	−75 43.9	SR	–	–	≈30	11.6	12.0	432
CR Aps	16 36 6	−80 55.2	EA	Min.	36730.450	2.176	13.4	14.4	432
CS Aps	16 37 21	−79 47.0	RRab	Max.	3728.420	0.5119	14.6	15.5	432

S 5610 Aps	$16^h37^m36^s$	$-77^\circ47'.5$	L	–	–	–	$13^m.8$	$14^m.2$	433
CT Aps	16 38 10	–81 8.6	RRab	Max.	36690.410	$0^d.6435$	13.2	14.3	433
S 5612 Aps	16 38 37	–73 49.9	EW	Min.	36720.390	0.3422	12.7	13.0	434
FX Aps	16 40 49	–80 30.6	M?	–	–	–	14.2	[15.5	434
S 5614 Aps	16 40 55	–73 55.3	RRab	Max.	36725.440	0.9775	13.7	14.7	435
CU Aps	16 41 3	–80 28.4	RRab	Max.	36725.390	0.5376	13.2	14.0	435
S 5616 Aps	16 43 42	–75 43.8	RRc	Max.	36728.370	0.3559	14.0	14.6	435
CW Aps	16 44 12	–75 44.8	RRab	Max.	36694.400	0.6222	13.3	14.6	436
CX Aps	16 44 53	–79 26.7	RRab	Max.	36746.370	0.4818	14.5	15.8	436
CY Aps	16 45 35	–76 22.4	EA	Min.	36746.350	3.825	12.9	14.2	437
CZ Aps	16 47 4	–75 41.1	M	–	–	–	13.3	[15.5	437
DD Aps	16 47 50	–74 25.4	RRab	Max.	36725.320	0.6482	12.3	13.1	438
S 5622 Aps	16 47 53	–73 37.8	SR	Max.	36730	≈40	13.5	14.0	438
DE Aps	16 50 26	–75 59.0	RRc	Max.	36725.440	0.4044	14.0	14.6	439
S 5624 Aps	16 50 32	–75 40.0	L	–	–	–	11.0	11.5	439
S 5625 Aps	16 51 25	–74 29.5	RR?	–	–	–	14.6	14.9	439
S 5626 Aps	16 51 28	–74 0.5	EA	Min.	36732.390	2.851	13.4	14.0	440
DG Aps	16 51 32	–78 16.0	RRab	Max.	36694.440	0.4255	13.5	14.2	440
DF Aps	16 51 46	–75 17.5	RRab	Max.	36729.420	0.5454	13.8	14.4	440
S 5629 Aps	16 53 45	–78 8.7	RRab	Max.	36733.490	0.49715	14.8	15.5	441
DK Aps	16 53 52	–81 33.4	RR	–	–	–	14.8	15.6	441
DI Aps	16 54 27	–73 15.6	RRab	Max.	36728.360	0.5192	12.2	13.0	441
S 5632 Aps	16 54 58	–73 15.8	SR	Max.	36753	≈40	12.6	13.4	442
S 5633 Aps	16 55 16	–74 19.9	L	–	–	–	13.0	13.5	442

DL Aps	$16^h56^m23^s$	-79° 0.'4	RRab	Max.	36728.405	$0^d.5381$	$14^m.5$	$15^m.5$	442
S 5635 Aps	16 57 14	-73 58.0	L	-	-	-	13.0	13.4	442
S 5636 Aps	16 57 44	-78 27.5	RRab	Max.	36720.410	0.49655	14.7	[15.7	443
S 5637 Aps	16 58 34	-80 51.4	M	Max.	36795	≈125	13.5	15.1	443
DM Aps	16 59 10	-73 21.0	E	-	-	-	12.7	13.4	444
S 5639 Aps	16 59 13	-75 20.3	EW	Min.	36720.430	0.3742	15.0	15.3	444
DO Aps	16 59 30	-73 34.6	RRab	Max.	36729.300	0.5062	13.5	15.0	444
S 5641 Aps	17 0 10	-76 12.7	EB	Min.	36725.400	0.7384	13.4	14.3	444
DP Aps	17 1 42	-74 18.3	RRab	Max.	36690.400	0.6109	15.0	15.8	445
S 5643 Aps	17 2 12	-79 23.6	RR?	-	-	-	13.6	14.1	446
DR Aps	17 2 22	-80 28.4	RRab	Max.	36690.390	0.5643	13.3	14.6	446
DQ Aps	17 2 22	-76 17.6	RRab	Max.	36729.360	0.5696	15.0	15.8	446
DT Aps	17 6 6	-75 1.9	UG	-	-	-	14.4	[15.8	447
DU Aps	17 6 8	-78 15.8	EA	Min.	36694.40	3.087	11.3	12.0	447
S 5648 Aps	17 6 16	-77 31.1	E?	-	-	-	14.7	15.0	447
DV Aps	17 7 46	-80 40.9	M	Max.	36758	-	14.2	[15.6	448
DX Aps	17 9 28	-76 31.7	M	Max.	36822	-	13.9	[15.7	448
S 5651 Aps	17 11 20	-76 47.8	RRab	Max.	36720.350	0.4958	14.2	15.7	448
DY Aps	17 11 36	-77 25.8	RRab	Max.	36729.320	0.6224	13.8	14.8	448
EE Aps	17 12 12	-80 42.6	RRab	Max.	36778.440	0.4988	13.6	15.0	449
S 5654 Aps	17 12 23	-73 56.3	M	Max.	36815	-	14.0	[15.8	449
S 5655 Aps	17 13 32	-80 33.0	RR?	-	-	-	15.3	15.8	450
DZ Aps	17 13 33	-73 4.6	RRab	Max.	36690.420	0.5521	14.5	15.3	450
EG Aps	17 14 27	-79 13.1	RRab	Max.	36725.470	0.5289	14.8	15.6	450

EF Aps	$17^h14^m59^s$	$-74^\circ31'.7$	EA	Min.	36760.20	$10^d.06$	$12^m.3$	$13^m.3$	450
S 5659 Aps	17 15 33	-73 28.4	E?	-	-	-	14.8	15.5	451
EH Aps	17 15 53	-75 51.5	RRab	Max.	36728.420	0.4684	15.0	15.8	451
S 5661 Aps	17 18 12	-76 47.8	RR	-	-	-	15.3	[15.6	452
EM Aps	17 18 43	-74 58.7	RRab	Max.	36690.350	0.6028	14.4	15.3	452
EN Aps	17 18 51	-74 36.1	RRab	Max.	36728.430	0.4500	14.7	15.5	452
S 5664 Aps	17 20 26	-74 21.7	SR?	-	-	-	14.2	15.2	453
S 5665 Aps	17 20 58	-74 11.8	RRab	Max.	36729.240	0.6209	14.4	15.5	453
S 5666 Aps	17 21 40	-75 2.0	I	-	-	-	13.4	13.8	454
EO Aps	17 22 4	-74 22.6	M	Max.	36840:	-	12.5	[15.5	454
EQ Aps	17 22 39	-79 2.0	RRab	Max.	36720.390	0.4665	14.8	15.5	454
S 5669 Aps	17 23 52	-77 42.3	L	-	-	-	14.0	15.0	455
S 5670 Aps	17 24 0	-78 24.3	EW	Min.	36720.400	0.474	12.8	13.3	455
ES Aps	17 25 36	-80 0.8	E	-	-	-	13.9	14.4	456
ER Aps	17 26 28	-76 10.1	RRab	Max.	36720.420	0.4311	13.0	13.8	456
S 5673 Aps	17 26 37	-74 19.3	E?	-	-	-	15.0	15.3	456
ET Aps	17 28 14	-74 15.2	E	-	-	-	11.5	12.1	456
EU Aps	17 28 21	-74 47.8	RRab	Max.	36694.370	0.5602	12.7	13.9	456
S 5676 Aps	17 28 46	-77 33.5	EB	Min.	36729.330	0.7988	11.3	11.8	457
EV Aps	17 32 50	-77 37.9	RRc	Max.	36725.390	0.2834	12.1	12.5	457
S 5678 Aps	17 36 0	-76 35.4	L	-	-	-	13.7	14.5	458
S 5679 Aps	17 54 5	-79 5.7	RRab	Max.	36690.400	0.5447	15.2	15.9	458
EY Aps	17 55 6	-78 41.4	RRab	Max.	36729.360	0.6073	13.7	14.9	459
EZ Aps	17 57 58	-79 32.0	RRab	Max.	36720.400	0.524	14.8	15.6	459

Feld β Apodis

XZ Aps RRab-Stern; $10^m_{.}8 - 12^m_{.}8$
Max. = 242 8715.330 + $0^d_{.}587434 \cdot E$
t(max)-t(min) = $0^p_{.}12$:

Die Erhellungen und die Lichtkurve des Veränderlichen sind bereits in MVS 5, p.108,109 veröffentlicht worden.

S 5494 Aps Langsam veränderlich; $12^m_{.}8 - 14^m_{.}9$

Das Aufnahmematerial müßte reichhaltiger sein, damit der Lichtwechsel des Veränderlichen besser klassifiziert werden könnte. Bei 243 6776 (5 Platten) ist seine Helligkeit konstant schwach, und von 6809 bis 6836 steigt sie langsam an. Es ist anzunehmen, daß die Amplitude größer ist als angegeben.

YZ Aps RRab-Stern; $11^m_{.}4 - 13^m_{.}1$ Abb. S. 394
Max. = 243 6809.410 + $0^d_{.}489 \cdot E$
t(max)-t(min) = $0^p_{.}15$

JD	E	B-R	JD	E	B-R
243 6809.413	0	$+0^d_{.}003$	243 6812.338	6	$-0^d_{.}006$
6811.377	4	+0.011	6836.302	55	-0.003

Der Stern ist sehr randnah. Eine Beobachtung war deshalb nur auf 25 Platten des 8-Zöllers möglich.

S 5496 Aps W-UMa-Stern? $13^m_{.}4 - 13^m_{.}9$
Min. = 243 6720.411 + $0^d_{.}29615 \cdot E$

JD	E	B-R	JD	E	B-R
243 6720.411	0	$0^d_{.}000$	243 6775.218	185	$+0^d_{.}019$
6729.430	30.5	-0.014	6776.228	188.5	-0.007
6730.347	33.5	+0.015	6780.219	202	-0.014
6731.340	37	-0.028	6785.235	219	-0.033
6747.351	91	-0.010	6788.387	229.5	+0.010
6761.309	138	+0.029	6816.240	323.5	+0.025
6772.251	175	+0.014			

Es kann nicht ausgeschlossen werden, daß RRc-Lichtwechsel vorliegt. Die kleine Periode des Veränderlichen verursacht die Streuung in der Lichtkurve.

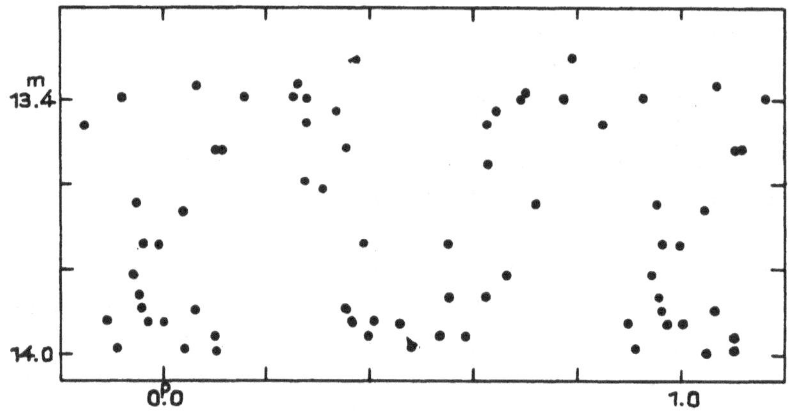

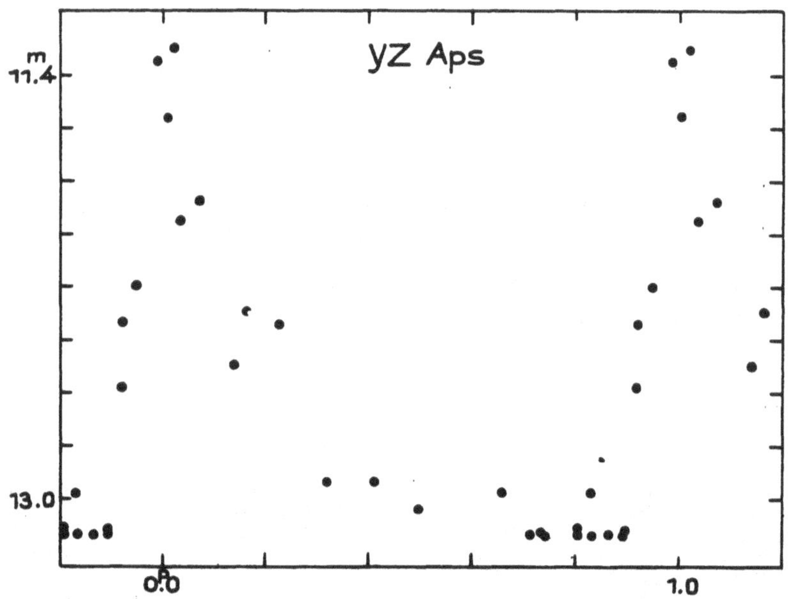

<u>S 5497 Aps</u> RRab-Stern; $13^m_.9 - 15^m_.6$
Max. = 243 6730.347 + $0^d_.53325 \cdot E$
t(max)-t(min) = $0^p_.13$

JD	E	B-R	JD	E	B-R
243 6730.347	0	0ᵈ.000	243 6809.265	148	-0ᵈ.003
6733.517	6	-0.029	6810.335	150	+0.001
6776.228	86	+0.022	6811.377	152	-0.024
6778.339	90	0.000	6812.424	154	-0.043
6785.235	103	-0.037	6816.240	161	+0.040

Auffallend ist der verhältnismäßig schnelle Helligkeitsabstieg des Veränderlichen.

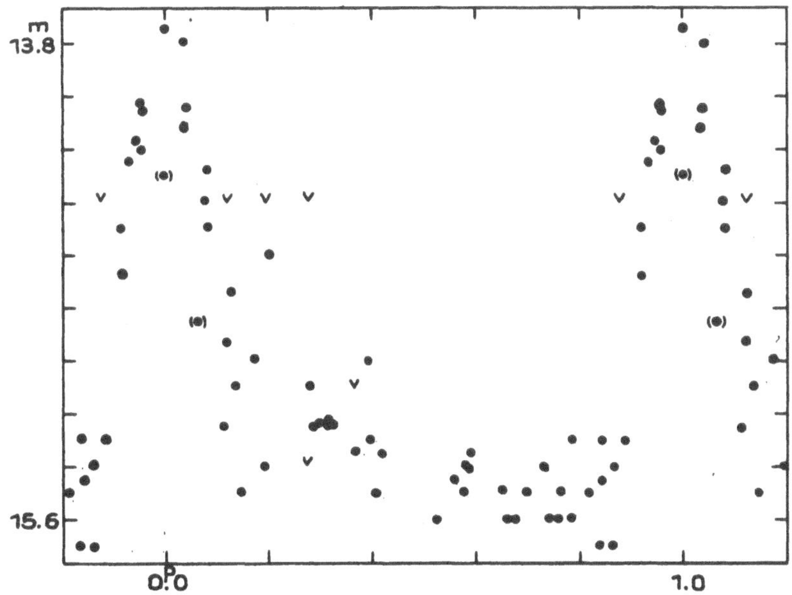

ZZ Aps RRc-Stern; $13^m.0 - 13^m.4$

Max. = 243 6694.43 + $0^d.3774 \cdot E$

t(max)-t(min) = $0^p.35$

JD	E	B-R	JD	E	B-R
243 6694.433	0	+0ᵈ.003	243 6781.221	230	-0ᵈ.011
6720.411	69	-0.060	6787.278	246	+0.008
6725.431	82	+0.054	6788.387	249	-0.016
6728.405	90	+0.009	6789.226	251	+0.069
6731.340	98	-0.075	6804.233	291	-0.020
6745.370	135	-0.009	6810.335	307	+0.043
6759.311	172	-0.032	6836.324	376	-0.008

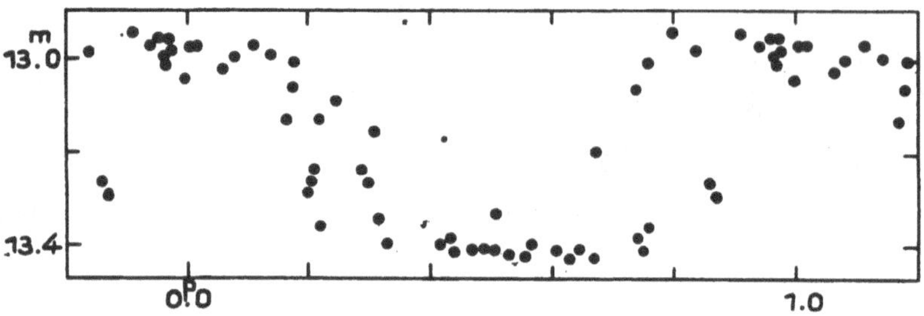

AA Aps RRab-Stern; $13^{\mathrm{m}}.7 - 14^{\mathrm{m}}.5$

Max. = 243 6728.525 + $0^{\mathrm{d}}.5417 \cdot E$

t(max)-t(min) = $0^{\mathrm{p}}.25$

JD	E	B-R	JD	E	B-R
243 6728.426	0	$-0^{\mathrm{d}}.099$	243 6809.265	149	$+0^{\mathrm{d}}.027$
6732.335	7	+0.018	6810.313	151	-0.009
6733.517	9	+0.117	6811.377	153	-0.028
6776.228	88	+0.033	6836.324	199	+0.001

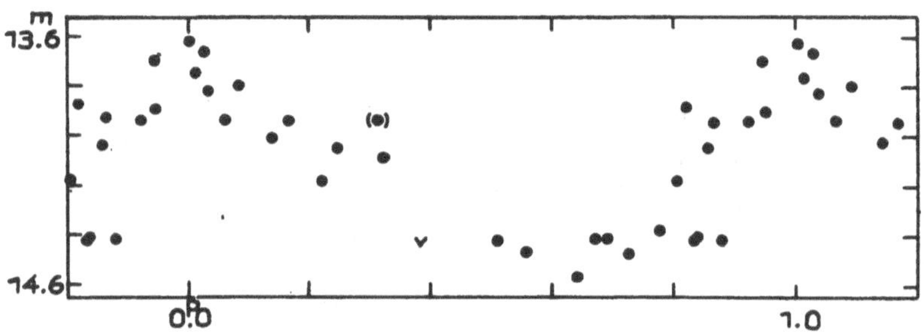

S 5500 Aps Langsam veränderlich; $13^{\mathrm{m}}.2 - 13^{\mathrm{m}}.9$

Der Veränderliche ist von 243 6690 bis 6760 schwach. Anschließend folgt ein langsamer Helligkeitsanstieg, der bei 6780 sein Maximum erreicht, das bis etwa 6816 fast konstant bleibt. Auf den nächsten drei Reihenaufnahmen bei 6836 ist der Stern wieder schwach.

AB Aps RRab-Stern; $12^{\mathrm{m}}.5 - 13^{\mathrm{m}}.8$

Max. = 243 6728.380 + $0^{\mathrm{d}}.48185 \cdot E$

t(max)-t(min) = $0^{\mathrm{p}}.12$

JD	E	B-R	JD	E	B-R
243 6728.384	0	$+0^{\mathrm{d}}.004$	243 6773.216	93	$+0^{\mathrm{d}}.024$
6729.343	2	-0.001	6778.488	104	-0.004
6772.251	91	+0.023	6783.306	114	-0.005

JD	E	B-R	JD	E	B-R
243 6785.235	118	$-0\overset{d}{.}003$	243 6811.260	172	$+0\overset{d}{.}002$
6809.328	168	-0.003	6812.248	174	+0.026
6810.292	170	-0.002	6836.324	224	+0.010

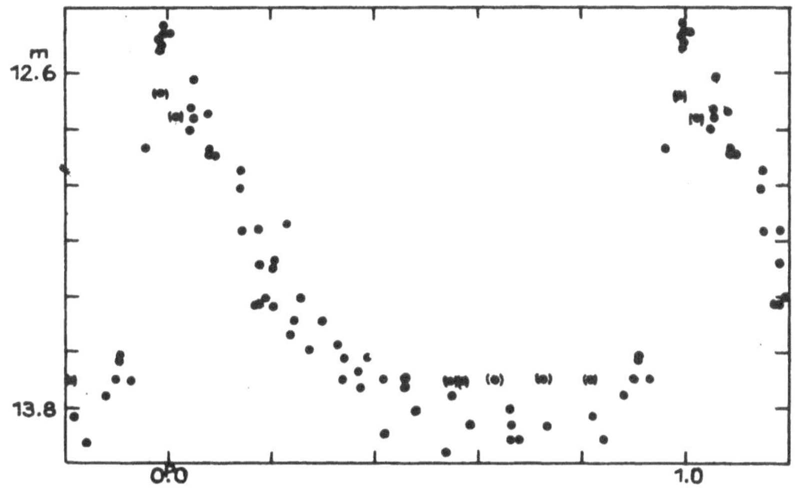

<u>S 5502 Aps</u> Langsam veränderlich; $13\overset{m}{.}8 - 14\overset{m}{.}8$

Von 243 6720 bis 6746 ist der Stern hell. Der darauffolgende Abstieg wird unterbrochen von kurzzeitigen Schwankungen. Schwach ist der Veränderliche bis 6816, und drei Aufnahmen bei 6836 zeigen ihn wieder hell.

<u>AD Aps</u> RRab-Stern; $13\overset{m}{.}5 - 14\overset{m}{.}9$

Max. = 243 6725.450 + $0\overset{d}{.}5503 \cdot E$

t(max)-t(min) = $0\overset{p}{.}10$

JD	E	B-R	JD	E	B-R
243 6725.431	0	$-0\overset{d}{.}019$	243 6784.362	107	$+0\overset{d}{.}030$
6729.343	7	+0.041	6790.384	118	-0.001
6746.389	38	+0.028	6811.328	156	+0.031
6772.251	85	+0.026	6812.402	158	+0.005
6778.295	96	+0.016	6816.240	165	-0.009

Seine maximale Helligkeit erreicht der Stern nur in einem Fall, bei E = 118.

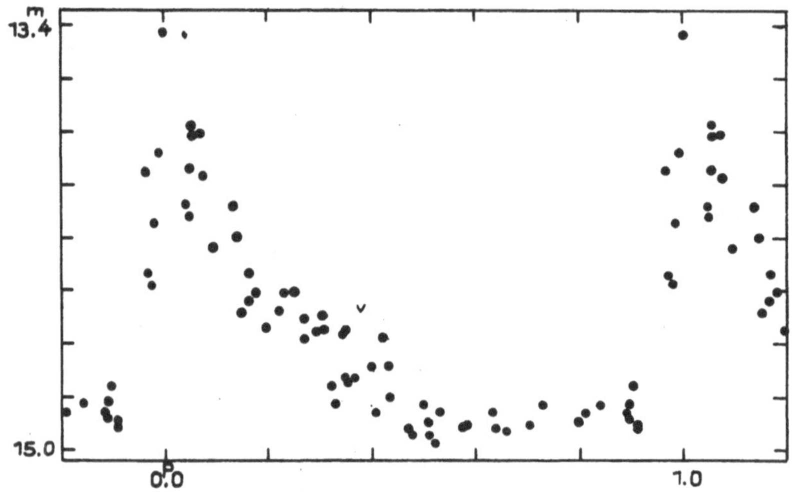

AE Aps RRab-Stern; $13^m.8 - 15^m.0$

Max. = 243 6732.300 + $0^d.44677 \cdot E$

t(max)-t(min) = $0^p.18$

JD	E	B-R	JD	E	B-R
243 6732.335	0	$+0^d.035$	243 6790.384	130	$+0^d.004$
6734.515	5	-0.019	6804.233	161	+0.003
6775.218	96	+0.028	6811.377	177	-0.001
6787.278	123	+0.025	6812.270	179	-0.002

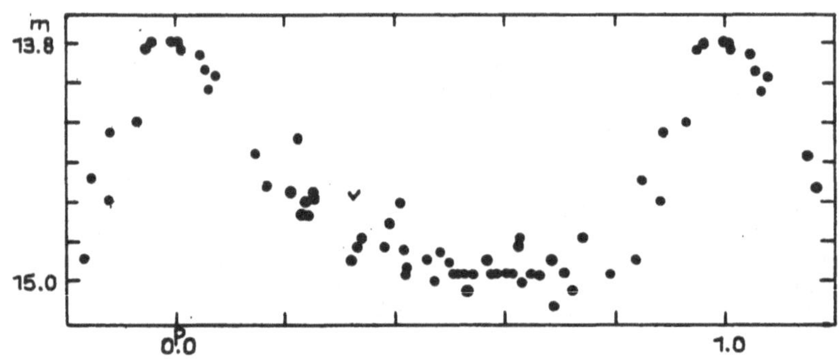

AF Aps W-UMa-Stern; $13^m.4 - 14^m.1$

Min. = 243 6690.399 + $0^d.7975 \cdot E$

JD	E	B-R	JD	E	B-R
243 6690.399	0	0.000 d	243 6809.244	149	+0.018 d
6778.488	110.5	-0.035	6811.238	151.5	+0.018
6783.306	116.5	-0.002	6812.424	153	+0.008
6787.278	121.5	-0.017	6836.324	183	-0.017

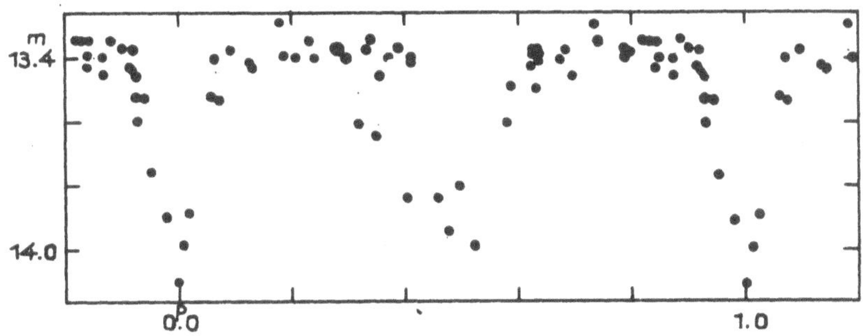

S 5506 Aps β-Lyrae-Stern; $14^m.6$ - $15^m.4$

Min. = 243 6690.42 + $0^d.4991$·E

JD	E	B-R	JD	E	B-R
243 6690.399	0	-0.021 d	243 6772.251	164	-0.021 d
6694.433	8	+0.020	6773.216	166	-0.055
6728.384	76	+0.032	6775.218	170	-0.049
6729.343	78	-0.007	6776.271	172	+0.006
6730.347	80	-0.001	6780.219	180	-0.039
6731.340	82	-0.006	6781.221	182	-0.035
6732.335	84	-0.009	6787.278	194	+0.033
6745.370	110	+0.049	6789.226	198	-0.016
6759.311	138	+0.015	6804.233	228	+0.018
6760.281	140	-0.013	6809.244	238	+0.038
6761.309	142	+0.017	6811.238	242	+0.036

Für die Bestätigung der Periode ist ein größerer Beobachtungszeitraum notwendig. Es kann auch möglich sein, daß RR-Lyrae-Lichtwechsel vorliegt.

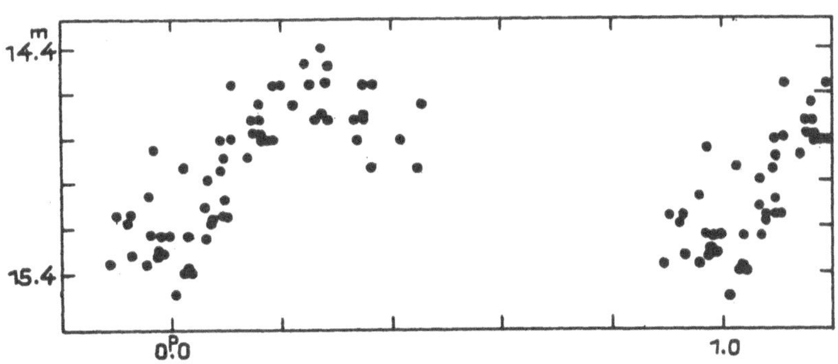

<u>**AG Aps**</u> U-Geminorum-Stern; $14^m.3$ - [16^m

Von dem Stern wurden Erhellungen bei 243 6720 und 6811 bis 6812 beobachtet. Auf den zeitlich benachbarten Platten (6810 und 6816) sowie auf dem sonstigen Beobachtungsmaterial ist er unsichtbar.

<u>**AH Aps**</u> RRab-Stern; $14^m.7$ - $15^m.8$
Max. = 243 6720.440 + $0^d.4887 \cdot E$
t(max)-t(min) = $0^p.18$

JD	E	B-R	JD	E	B-R
243 6720.411	0	$-0^d.029$	243 6810.335	184	$-0^d.026$
6745.370	51	+0.006	6811.350	186	+0.012
6746.389	53	+0.048	6812.315	188	-0.001
6772.251	106	+0.009	6816.240	196	+0.015
6773.216	108	-0.004	6836.300	237	+0.038
6788.387	139	+0.018			

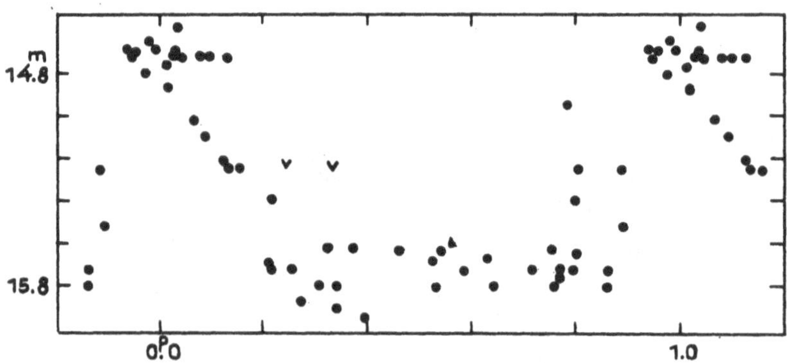

<u>**S 5509 Aps**</u> RRab-Stern; $14^m.4$ - $15^m.7$ Abb. S. 401
Max. = 243 6759.290 + $0^d.5032 \cdot E$
t(max)-t(min) = $0^p.23$

JD	E	B-R	JD	E	B-R
243 6759.311	0	$+0^d.021$	243 6776.358	34	$-0^d.041$
6760.281	2	-0.015	6836.324	153	+0.044
6761.309	4	+0.006			

Die Streuung in der Lichtkurve wird durch die geringe Helligkeit des Sterns verursacht.

<u>**S 5510 Aps**</u> W-UMa-Stern; $14^m.5$ - $15^m.0$
Min. = 243 6729.450 + $0^d.6353 \cdot E$

JD	E	B–R	JD	E	B–R
243 6690.399	−61.5	$+0^{d}.020$	243 6759.311	47	$+0^{d}.002$
6729.430	0	−0.020	6781.221	81.5	−0.006
6731.340	+ 3	−0.016	6787.278	91	+0.016
6734.515	8	−0.017			

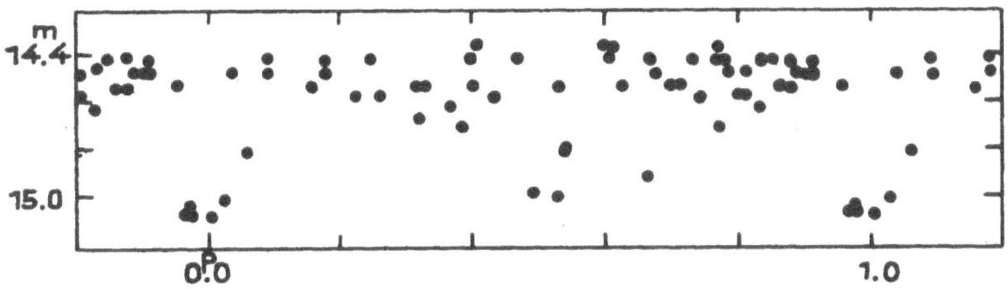

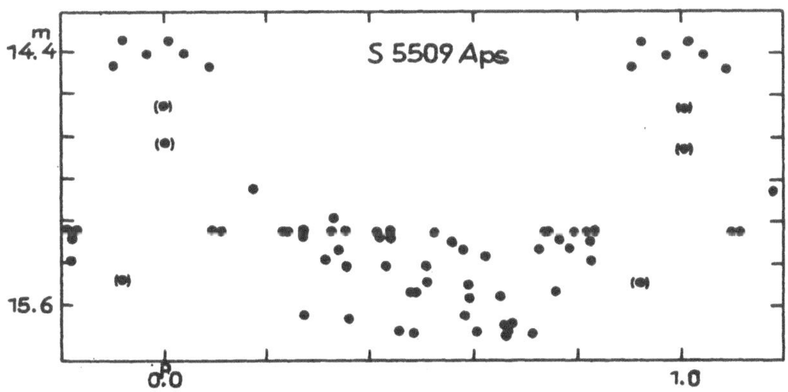

AI Aps RRab-Stern; $14^{m}.3 - 15^{m}.7$ Abb. S. 402

Max. = 243 6729.430 + $0^{d}.55415 \cdot E$

t(max)−t(min) = $0^{p}.10$

JD	E	B–R	JD	E	B–R
243 6728.405	− 2	$+0^{d}.083$	243 6790.384	110	$-0^{d}.002$
6729.430	0	0.000	6804.233	135	−0.007
6734.515	+ 9	+0.098	6809.244	144	+0.016
6784.362	99	+0.071	6810.335	146	−0.001

AK Aps RRab-Stern; $13^{m}.7 - 15^{m}.1$

Max. = 243 6728.480 + $0^{d}.66315 \cdot E$

t(max)−t(min) = $0^{p}.15$

JD	E	B–R	JD	E	B–R
243 6728.426	0	$-0^{d}.054$	243 6746.389	27	$+0^{d}.004$
6734.515	9	+0.067	6760.281	48	−0.030

JD	E	B–R	JD	E	B–R
243 6772.251	66	$+0^d.003$	243 6809.370	122	$-0^d.014$
6776.270	72	+0.043	6811.377	125	+0.003
6780.219	78	+0.013			

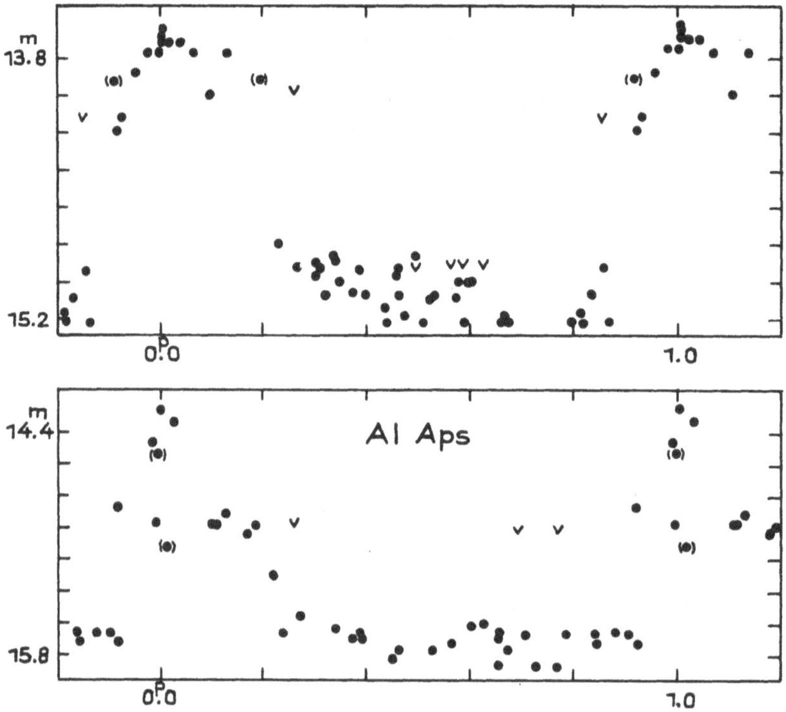

<u>AL Aps</u> Bedeckungs-Stern; $12^m.7$ - $13^m.4$

Von dem Stern wurde nur ein Minimum bei 243 6733.517 (Einzelbeobachtung) gefunden.

<u>S 5514 Aps</u> Langsam veränderlich; $12^m.5$ - $12^m.9$

Der Stern ist auf den meisten Platten hell und fast konstant. Von 243 6720 bis 6734 ist er leicht geschwächt.

<u>S 5515 Aps</u> RR-Lyrae-Stern? $14^m.6$ - [$15^m.5$

Wegen Randnähe des Sterns standen für seine Untersuchung nur 26 Aufnahmen zur Verfügung. Eine Erhellung von 243 6836.239 bis .324 wurde bemerkt, im übrigen wird er sehr schwach abgebildet. Dieses

Beobachtungsergebnis ist für genauere Aussagen über den Lichtwechsel nicht ausreichend.

AM Aps RRab-Stern; $14^{m}.7 - 15^{m}.7$
Max. = 243 6690.415 + $0^{d}.606 \cdot E$
t(max)-t(min) = $0^{P}.15$

JD	E	B-R	JD	E	B-R
243 6690.399	0	$-0^{d}.016$	243 6784.362	155	$+0^{d}.017$
6747.351	94	-0.028	6789.226	163	+0.033
6761.309	117	-0.008	6790.384	165	-0.021

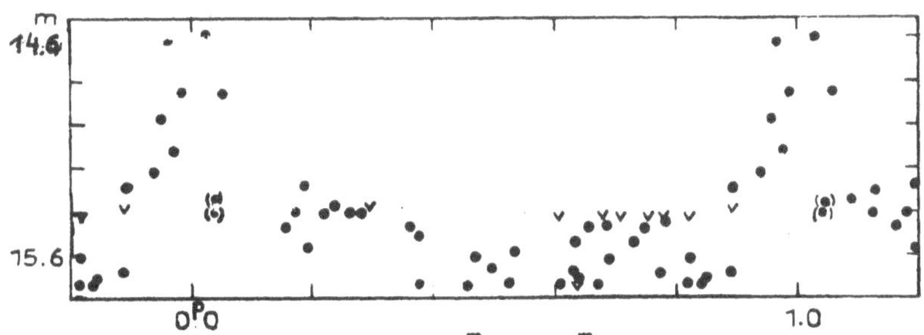

S 5517 Aps Mira-Stern? $13^{m}.3 - 15^{m}.0$

Bei dem Stern scheint Mira-Lichtwechsel vorzuliegen. Von 243 6690 bis 6734 ist er schwach, ungefähr ab 6750 Aufstiegsbeginn, von 6775 bis 6812 im Maximum, und anschließend sinkt die Helligkeit langsam wieder ab.

S 5518 Aps Langsam veränderlich; $12^{m}.6 - 13^{m}.0$

Von 243 6720 bis 6734 wird der Stern schwächer abgebildet als auf dem sonstigen Plattenmaterial, auf dem er nahezu gleichbleibend hell ist.

S 5519 Aps W-UMa-Stern; $14^{m}.0 - 14^{m}.7$
Min. = 243 6694.433 + $0^{d}.43652 \cdot E$

JD	E	B-R	JD	E	B-R
243 6694.433	0	$0^{d}.000$	243 6778.231	192	$-0^{d}.014$
6720.411	59.5	+0.005	6780.219	196.5	+0.010
6725.431	71	+0.005	6784.362	206	+0.006
6729.343	80	-0.012	6785.235	208	+0.006
6746.389	119	+0.010	6809.244	263	+0.006
6773.216	180.5	-0.009	6812.293	270	0.000
6776.271	187.5	-0.009	6836.302	325	0.000

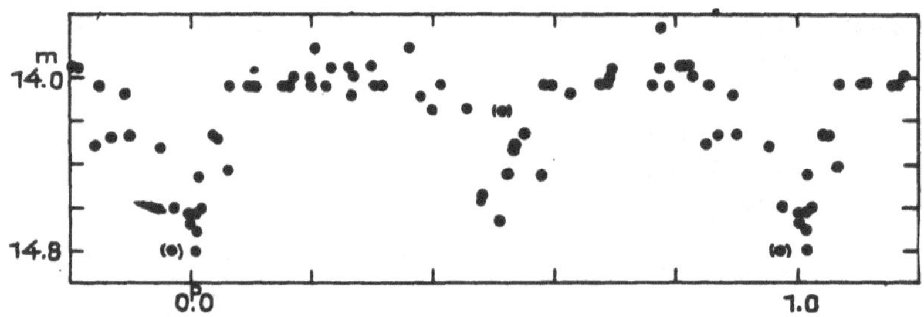

AN Aps β-Lyrae-Stern; $12^m.4 - 13^m.1$

Min. = 243 6761.270 + $1^d.0452 \cdot E$

JD	E	B-R	JD	E	B-R
243 6761.309	0	$+0^d.039$	243 6788.387	26	$-0^d.058$
6772.251	10.5	+0.006	6809.350	46	+0.001
6776.401	14.5	-0.024	6811.377	48	-0.063
6785.235	23	-0.075	6812.424	49	-0.061

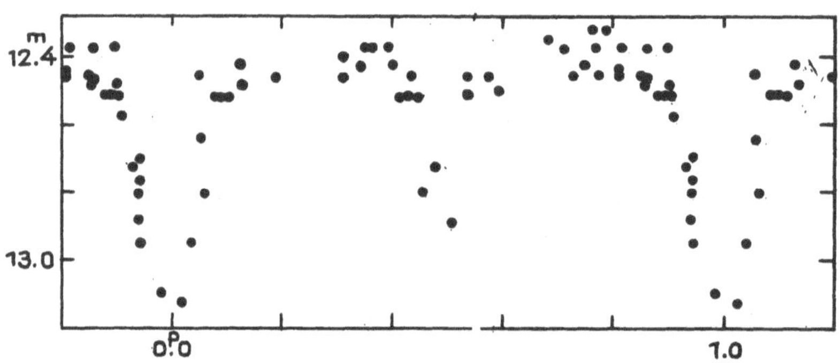

AP Aps β-Lyrae-Stern; $14^m.4 - 15^m.5$ Abb. S. 405

Min. = 243 6720.50 + $5^d.378 \cdot E$

JD	E	B-R	JD	E	B-R
243 6720.41	0	$-0^d.09$	243 6747.35	5	$-0^d.04$
6728.43	1.5	-0.14	6790.38	13	-0.03
6731.34	2	+0.08	6809.29	16.5	+0.05

AO Aps Mira-Stern? $14^m.1$ - [$15^m.5$

Es ist anzunehmen, daß es sich bei dem Veränderlichen um einen Mira-Stern handelt. Von 243 6690 bis 6694 ist er schwach erkennbar, von 6720 bis 6734 erreicht er seine maximale Helligkeit, welche ab 6745 wieder langsam sinkt, und von 6780 bis 6816 ist er unsichtbar.

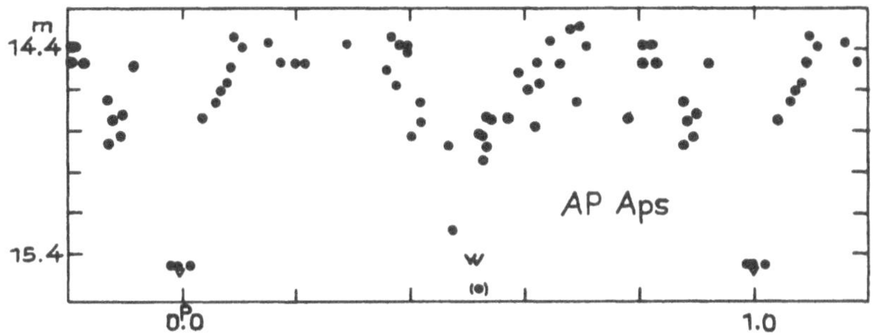

<u>S 5523 Aps</u> RRab-Stern; $13^m_.9$ - $15^m_.1$
Max. = 243 6694.410 + $0^d_.49025 \cdot E$
t(max)-t(min) = $0^p_.20$

JD	E	B-R	JD	E	B-R
243 6694.433	0	$+0^d_.023$	243 6776.271	167	$-0^d_.011$
6720.411	53	+0.018	6780.219	175	+0.015
6745.370	104	-0.026	6781.221	177	+0.037
6746.389	106	+0.013	6804.233	224	+0.007
6747.351	108	-0.006			

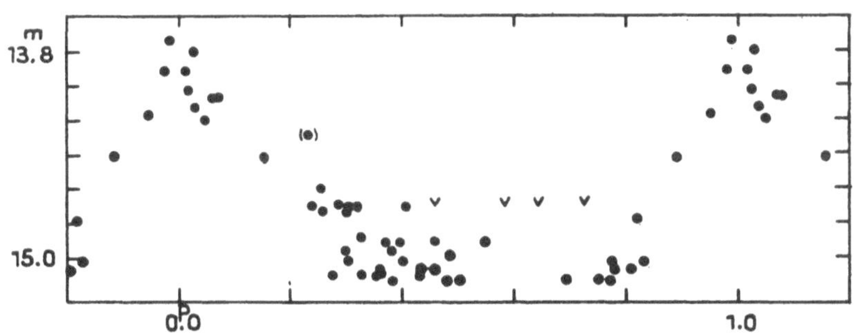

<u>AQ Aps</u> Mittellange Periode; $13^m_.3$ - $14^m_.1$

Es wurden 2 Maxima bei 243 6770 und 6840 gefunden. Wahrscheinlich ist eine Periode von etwa 70^d gültig.

<u>AR Aps</u> RRab-Stern; $13^m_.3$ - $14^m_.4$
Max. = 243 6787.300 + $0^d_.624 \cdot E$
t(max)-t(min) = $0^p_.13$

JD	E	B-R	JD	E	B-R
243 6787.278	0	$-0^d.022$	243 6810.335	37	$-0^d.053$
6809.244	35	+0.104	6812.248	40	-0.012

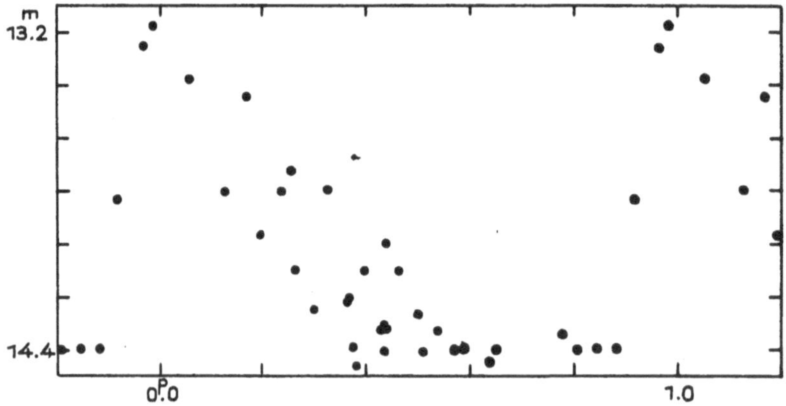

S 5526 Aps   Mira-Stern? $12^m.9$ - $14^m.1$

Der Veränderliche ist offenbar langperiodisch. Beobachtet ist ein Aufstieg von 243 6755 bis 6775, das Maximum dauert bis 6810, danach findet ein langsamer Abfall bis 6850 statt.

AS Aps   W-UMa-Stern; $13^m.4$ - $13^m.8$

Min. = 243 6690.400 + $0^d.32310 \cdot E$

JD	E	B-R	JD	E	B-R
243 6690.399	0	$-0^d.001$	243 6776.358	266	$+0^d.013$
6694.433	12.5	-0.006	6780.219	278	-0.003
6720.411	93	-0.037	6781.221	281	+0.030
6725.431	108.5	-0.025	6783.306	287.5	+0.015
6729.343	120.5	+0.010	6785.235	293.5	+0.005
6732.335	130	-0.068	6789.226	306	-0.043
6733.517	133.5	-0.017	6804.233	352.5	-0.060
6734.515	136.5	+0.012	6809.307	368	+0.006
6745.370	170	+0.043	6810.292	371	+0.022
6760.281	216.5	-0.070	6811.261	374	+0.022
6761.309	219.5	-0.011	6812.248	377	+0.039
6772.251	253.5	-0.055	6816.240	389.5	-0.007
6773.216	256.5	-0.059	6836.324	451.5	+0.044
6775.218	262.5	+0.004			

Die Streuung in der Kurve wird durch den raschen Lichtwechsel verursacht.

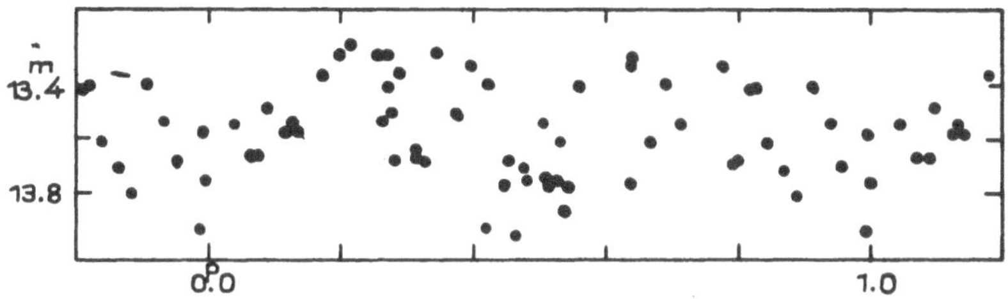

AT Aps RRab-Stern; $13^m.3 - 14^m.4$

Max. = 243 6720.370 + $0^d.49385 \cdot E$

t(max)-t(min) = $0^p.10$

JD	E	B-R	JD	E	B-R
243 6720.411	0	$+0^d.041$	243 6809.244	180	$-0^d.019$
6761.309	83	-0.050	6810.249	182	-0.002
6772.251	105	+0.027	6811.238	184	0.000
6773.216	107	+0.004	6812.248	186	+0.022
6775.218	111	+0.031			

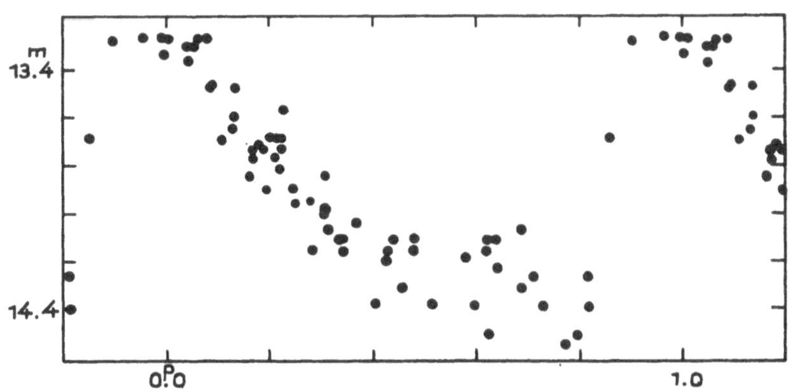

AU Aps RRab-Stern; $13^m.1 - 14^m.0$

Max. = 243 6694.433 + $0^d.5673 \cdot E$

t(max)-t(min) = $0^p.12$

JD	E	B-R	JD	E	B-R
243 6694.433	0	$0^d.000$	243 6785.235	160	$+0^d.034$
6731.340	65	+0.033	6789.226	167	+0.054
6760.281	116	+0.041	6811.284	206	-0.013
6778.382	148	-0.011	6812.424	208	-0.007
6781.221	153	-0.009	6836.239	250	-0.019

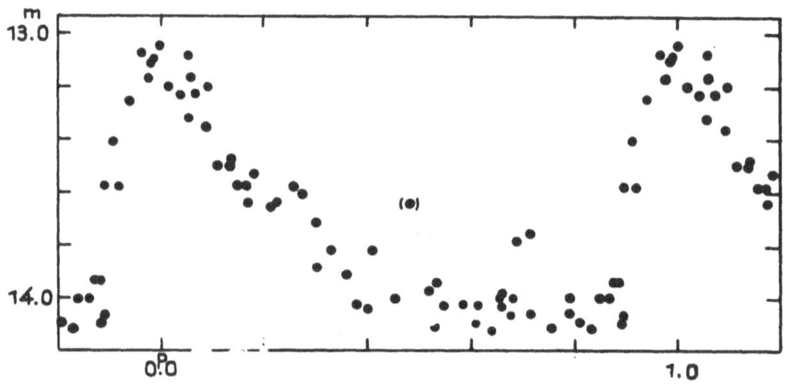

S 5530 Aps   Halbregelmäßig; $13^m.9 - 14^m.4$

Bei dem Stern ist RV-Tauri-Lichtwechsel nicht ausgeschlossen. Obwohl sich bei der Beobachtung die kleine Amplitude etwas nachteilig auswirkte, war dennoch erkennbar, daß die Minima ungefähr bei 243 6690, 6750 und 6815 liegen, so daß in dieser Zeit eine Periode von $\approx 60^d$ möglich ist.

AV Aps   β-Lyrae-Stern; $13^m.8 - 14^m.4$
Min. = 243 6690.405 + $0^d.7095 \cdot E$

JD	E	B–R	JD	E	B–R
243 6690.399	0	$-0^d.006$	243 6778.403	124	$+0^d.020$
6729.430	55	+0.003	6781.221	128	0.000
6776.271	121	+0.017	6810.292	169	-0.018

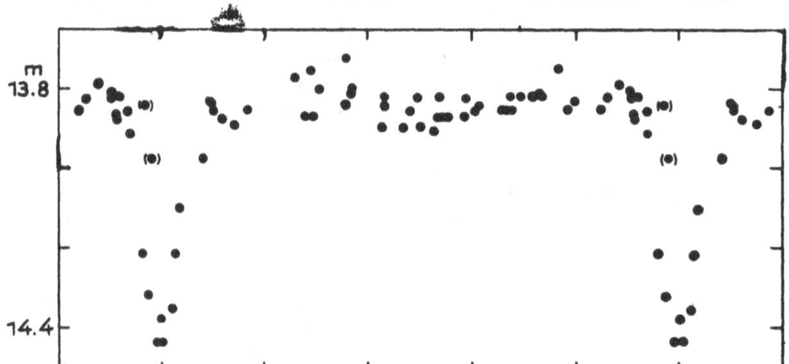

<u>S 5532 Aps</u>   W-UMa-Stern; $13^{m}.9 - 14^{m}.3$

Min. = 243 6694.433 + $0^{d}.3752 \cdot E$

JD	E	B-R	JD	E	B-R
243 6694.433	0	$0^{d}.000$	243 6776.401	218.5	$-0^{d}.013$
6728.384	90.5	-0.005	6778.317	223.5	+0.027
6729.343	93	+0.016	6785.235	242	+0.004
6732.335	101	+0.007	6787.278	247.5	-0.017
6746.389	138.5	-0.009	6811.306	311.5	-0.002
6747.351	141	+0.015	6812.248	314	+0.002
6760.281	175.5	0.000	6812.424	314.5	-0.009
6773.216	210	-0.009	6836.260	378	+0.001

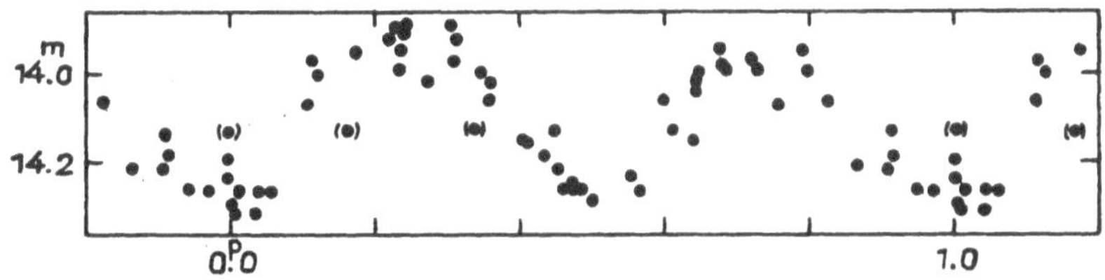

<u>S 5533 Aps</u>   Halbregelmäßig; $13^{m}.7 - 14^{m}.4$

Die Beobachtungen zeigen einen regelmäßigen Verlauf der Helligkeit mit Maxima bei 243 6745 und 6810 (Minimum bei 6778). Sie können dargestellt werden mit der Formel

$$\text{Max.} = 243\ 6745 + 65^{d} \cdot E \ .$$

<u>S 5534 Aps</u>   Mira-Stern; $13^{m}.0 - 14^{m}.8$

Von dem Stern wurden zwei Beobachtungen im Maximum gefunden: 243 6690 (anschließend Abstieg, im Minimum bis 6812) und 6836. Die Periode müßte danach ungefähr 150 Tage dauern, falls die Maxima nicht höher liegen als die beiden erwähnten Einzelbeobachtungen.

<u>AX Aps</u>   RRab-Stern; $14^{m}.6 - 15^{m}.7$

Max. = 243 6694.380 + $0^{d}.4855 \cdot E$

t(max)-t(min) = $0^{p}.15$

JD	E	B-R	JD	E	B-R
243 6694.433	0	$+0^{d}.053$	243 6745.370	105	$+0^{d}.013$
6725.431	64	-0.021	6811.377	241	-0.008
6728.384	70	+0.019	6812.381	243	+0.025
6729.343	72	+0.007	6816.240	251	0.000

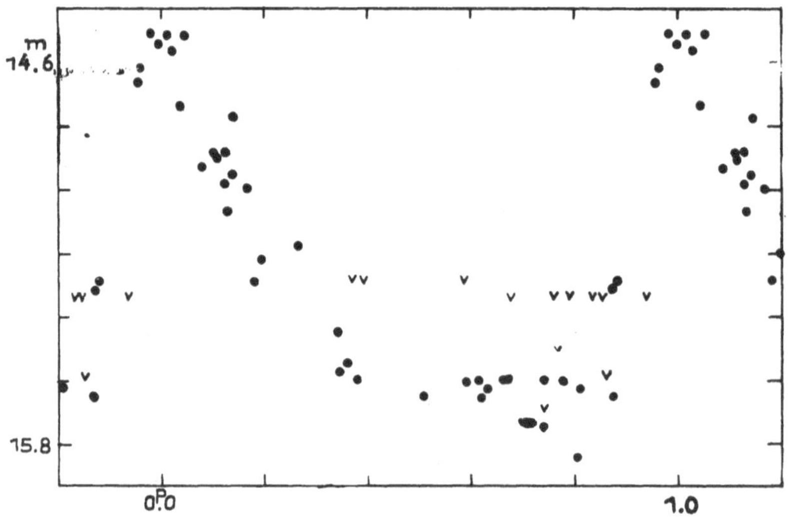

AY Aps   Bedeckungs-Stern; $12^m.4 - 13^m.2$

Von dem Veränderlichen wurden 3 Schwächungen bei 243 6690.399, 6784.362 und 6811.353 gefunden. Sie sind unzureichend für die Ableitung von Elementen, mit denen alle Beobachtungen widerspruchsfrei dargestellt werden könnten.

BB Aps   RR-Lyrae-Stern? $12^m.3 - 13^m.2$

Es ließ sich bei diesem Stern nicht sicher feststellen, ob RR-Lyrae-Lichtwechsel vorliegt. Die Beobachtungen sind oft im mittleren Licht, und auf den Reihenaufnahmen bleibt die Helligkeit nahezu konstant. Maxima liegen bei 243 6720.41, 6725.43, 6759.31 und 6810.25.

AZ Aps   RRab-Stern; $13^m.8 - 15^m.8$

Max. = 243 6694.390 + $0^d.599 \cdot E$

t(max)-t(min) = $0^p.10$

JD	E	B-R	JD	E	B-R
243 6694.433	0	$+0^d.043$	243 6760.281	110	$+0^d.001$
6730.347	60	+0.017	6772.251	130	-0.009
6734.515	67	-0.008	6781.221	145	-0.024
6745.370	85	+0.065	6787.278	155	+0.043

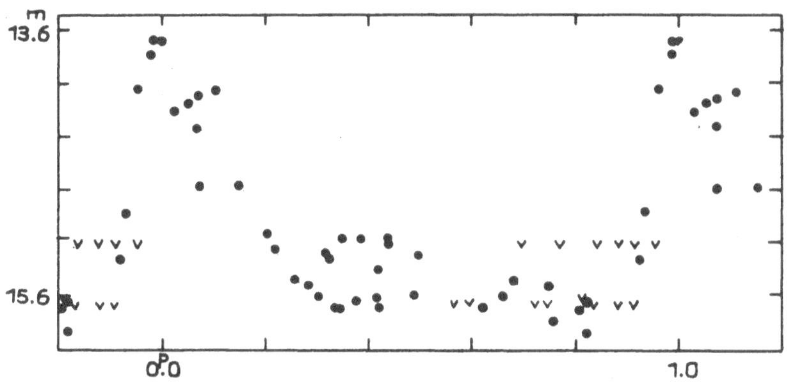

<u>BC Aps</u> RRab-Stern; $13^{m}.1 - 13^{m}.9$
Max. = 243 6720.410 + $0^{d}.5727 \cdot E$
t(max)-t(min) = $0^{p}.18$

JD	E	B-R	JD	E	B-R
243 6720.411	0	$+0^{d}.001$	243 6781.221	106	$+0^{d}.105$
6728.426	14	-0.002	6789.226	120	+0.092
6731.340	19	+0.049	6790.384	122	+0.105
6747.351	47	+0.024	6809.244	155	+0.066
6773.216	92	+0.118	6810.313	157	-0.011
6778.252	101	-0.001			

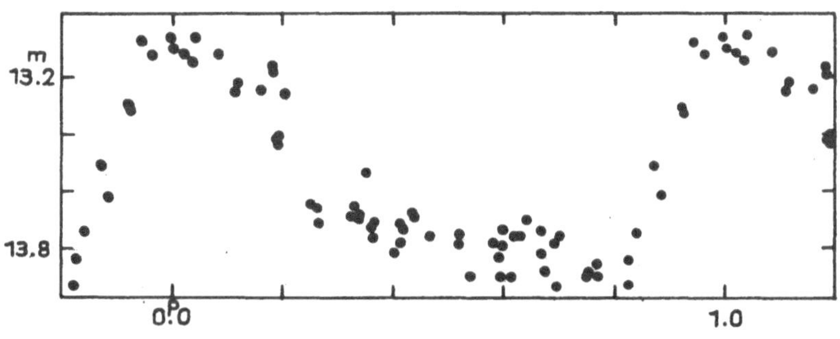

<u>S 5540 Aps</u> Bedeckungs-Stern; $14^{m}.3 - 14^{m}.8$

Der Veränderliche ist bei 243 6728.384, 6759.311, 6781.221 und 6812.270 schwach. Eine Periode zu finden, mit der alle hellen Beobachtungen gut dargestellt werden können, gelang nicht.

<u>BD Aps</u> Bedeckungs-Stern; $13^{m}.2 - 14^{m}.2$
Im Minimum ist der Stern bei 243 6747.351 und 6810.335; bei

6694.433 und 6785.235 ist er wenig geschwächt. Ein Auffinden der Elemente war bei diesem dürftigen Beobachtungsergebnis nicht möglich.

<u>S 5542 Aps</u>   Langsam veränderlich; $13\overset{m}{.}3 - 13\overset{m}{.}9$

Der Stern ändert seine Helligkeit in sehr flachen Wellen, die anscheinend ohne Regelmäßigkeit verlaufen.

<u>BE Aps</u>   Mira-Stern; $13\overset{m}{.}9 - [15\overset{m}{.}7$

Der Veränderliche ist von 243 6690 bis 6780 unsichtbar, und von 6790 bis 6810 konnte ein Aufstieg beobachtet werden. Das Maximum wird ungefähr bei 6825 liegen.

<u>BF Aps</u>   RRab-Stern; $14\overset{m}{.}0 - 15\overset{m}{.}4$

Max. = 243 6728.415 + $0\overset{d}{.}5544 \cdot E$

t(max)-t(min) = $0\overset{p}{.}10$

JD	E	B-R	JD	E	B-R
243 6728.405	0	$-0\overset{d}{.}010$	243 6778.317	90	$+0\overset{d}{.}006$
6734.515	11	+0.002	6783.306	99	+0.005
6772.251	79	+0.038	6809.350	146	-0.007

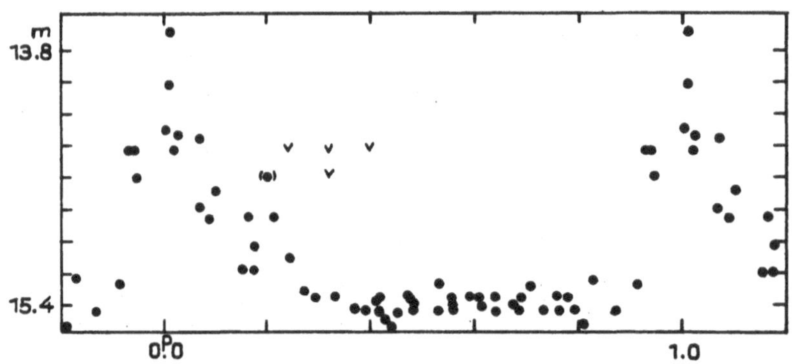

<u>S 5545 Aps</u>   β-Lyrae-Stern; $12\overset{m}{.}3 - 12\overset{m}{.}9$

Min. = 243 6728.405 + $0\overset{d}{.}956 \cdot E$

JD	E	B-R	JD	E	B-R
243 6728.405	0	$0\overset{d}{.}000$	243 6775.218	49	$-0\overset{d}{.}031$
6729.343	1	-0.018	6776.228	50	+0.023
6730.347	2	+0.030	6784.362	58.5	+0.031

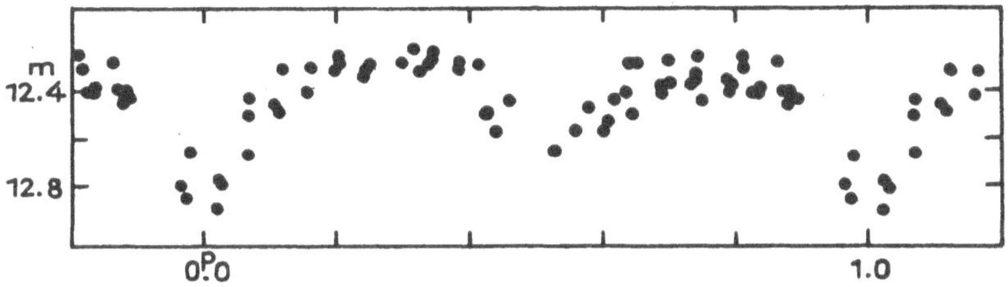

S 5546 Aps Langsam veränderlich; $12^m.8 - 13^m.3$

Der Veränderliche zeigt geringen Lichtwechsel mit mäßig langen Wellen, unterbrochen von kurzzeitigen Helligkeitsschwankungen.

BG Aps RRab-Stern; $14^m.2 - 15^m.3$

Max. = 243 6732.325 + $0^d.5336 \cdot E$

t(max)-t(min) = $0^p.12$

JD	E	B-R	JD	E	B-R
243 6732.335	0	$+0^d.010$	243 6788.387	105	$+0^d.034$
6734.515	4	+0.056	6810.270	146	+0.039
6778.231	86	+0.016	6811.306	148	+0.008
6787.278	103	-0.003	6812.359	150	-0.006

Die Erhellungen liegen zumeist auf dem absteigenden Ast der Lichtkurve.

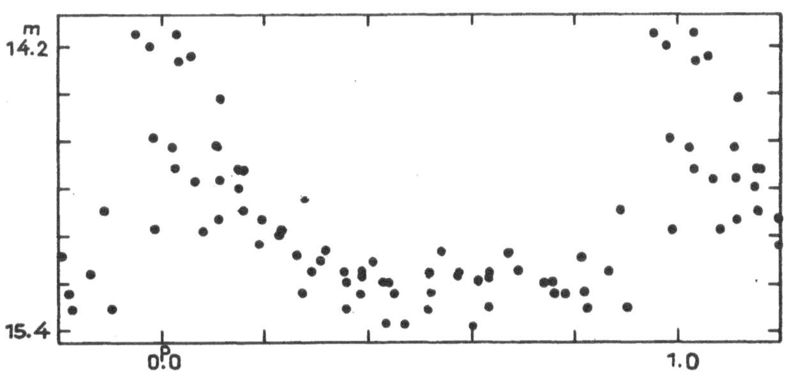

BH Aps Algol-Stern; $10^m.8 - 13^m.4$

Min. = 243 6728.435 + $3^d.652 \cdot E$

D = $0^p.1$ d = $0^p.0$

JD	E	B-R	JD	E	B-R
243 6728.426	0	$-0^d.009$	243 6772.251	12	$-0^d.008$
6761.309	9	+0.006	6812.424	23	-0.007

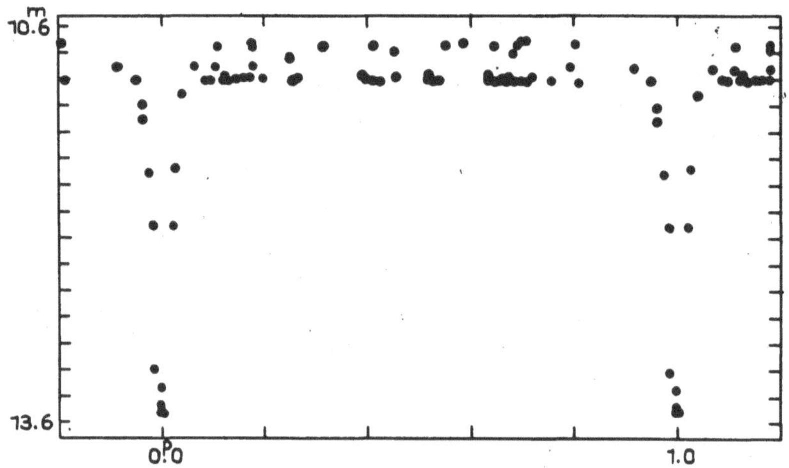

S 5549 Aps Langsam veränderlich; $14^m_.8$ – [$15^m_.5$

Der Stern wird auf den Platten schwach abgebildet. Von 243 6695 bis 6734 ist er sichtbar und von 6745 bis 6805 ist er [$15^m_.5$. Anschließend folgt bis 6836 ein erneuter Helligkeitsanstieg, unterbrochen von geringen Schwankungen.

S 5550 Aps Halbregelmäßig; $12^m_.2$ - $12^m_.7$

Der Lichtwechsel des Sterns erfolgt langsam und flach. Es scheint eine Periode von etwa 65^d gültig zu sein. Die Maxima liegen ungefähr bei 243 6720 und 6785.

BI Aps RRab-Stern; $13^m_.8$ - $14^m_.8$ Abb. S. 415

Max. = 243 6690.385 + $0^d_.5787$·E

t(max)-t(min) = $0^p_.12$

JD	E	B-R	JD	E	B-R
243 6690.399	0	$+0^d_.014$	243 6781.221	157	$-0^d_.020$
6694.433	7	-0.003	6811.350	209	+0.017
6745.370	95	+0.009	6836.239	252	+0.022

S 5552 Aps W-UMa-Stern; $13^m_.2$ - $13^m_.7$

Min. = 243 6728.405 + $0^d_.5841$·E

JD	E	B-R	JD	E	B-R
243 6690.399	65	$-0^d_.039$	243 6728.405	0	$0^d_.000$
6725.431	- 5	-0.053	6729.343	+ 1.5	+0.062

JD	E	B-R	JD	E	B-R
243 6731.340	5	$+0^d.015$	243 6783.306	94	$-0^d.004$
6745.370	29	+0.026	6790.384	106	+0.064
6760.281	54.5	+0.043	6809.265	138.5	-0.038
6772.251	75	+0.039	6810.249	140	+0.070
6776.336	82	+0.035	6811.377	142	+0.030
6778.361	85.5	+0.016	6812.248	143.5	+0.025
6781.221	90.5	-0.045	6816.240	150.5	-0.072

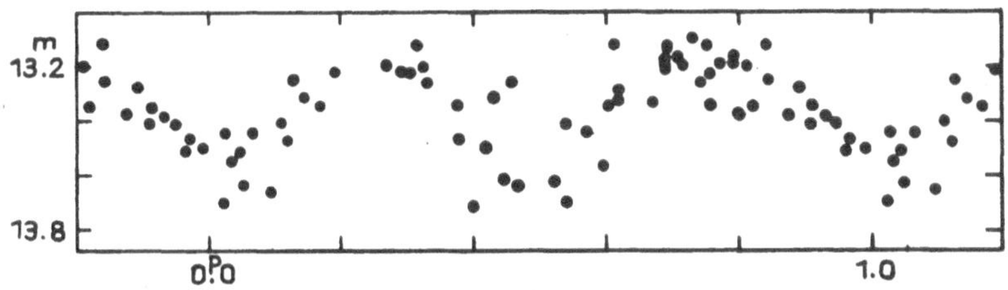

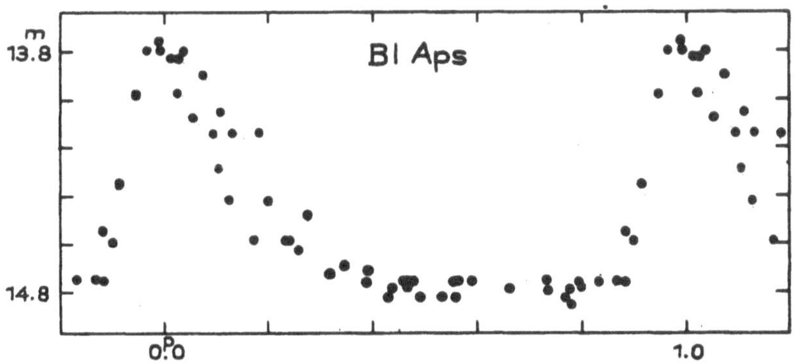

S 5553 Aps   Bedeckungs-Stern; $14^m.0 - 14^m.4$

Die Schwächungen dieses Sterns liegen bei 243 6788.39, 6809.37, 6812.31 und 6836.26. Sie genügten nicht, eine Periode abzuleiten, mit der alle hellen Beobaahtungen ohne Widerspruch dargestellt werden können.

BK Aps   RRab-Stern; $14^m.1 - 15^m.2$

Max. = 243 6733.500 + $0^d.608 \cdot E$

t(max)-t(min) = $0^P.20$

JD	E	B-R	JD	E	B-R
243 6733.517	0	$+0^d.017$	243 6785.235	85	$+0^d.055$
6760.281	44	+0.029	6811.328	128	+0.004
6778.488	74	-0.004	6816.240	136	+0.052
6783.306	82	-0.050	6836.239	169	-0.013

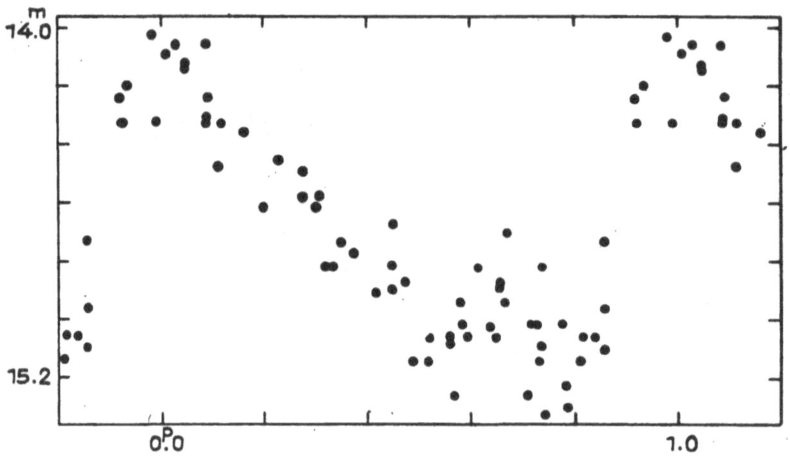

<u>BL Aps</u> RRc-Stern; $15^m.1 - 15^m.6$

Max. = 243 6690.400 + $0^d.2719 \cdot E$

t(max)-t(min) = $0^p.25$

JD	E	B-R	JD	E	B-R
243 6690.400	0	$0^d.000$	243 6776.310	316	$-0^d.010$
6730.347	147	-0.022	6781.221	334	+0.006
6734.515	162	+0.067	6785.235	349	-0.058
6745.370	202	+0.046	6809.244	437	+0.024
6760.281	257	+0.003	6810.335	441	+0.027
6772.251	301	+0.009	6812.248	448	+0.037
6775.218	312	-0.015			

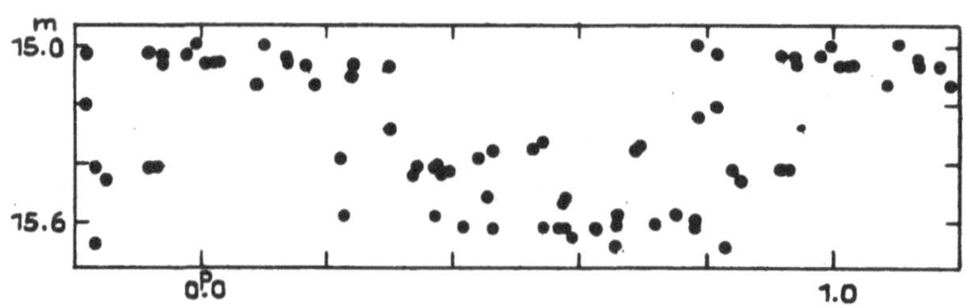

<u>S 5556 Aps</u> Langsam veränderlich; $14^m.5 - 16^m.0$:

Der Lichtwechsel dieses Sterns vollzieht sich in Form flacher Wellen. Nach einem Minimum bei 243 6730 ist er von 6780 bis 6820 hell.

<u>BM Aps</u> Mira-Stern? $12^m.2$ - [$15^m.5$

Ein gut durchbeobachtetes Maximum konnte bei 243 6760 festgestellt werden. Kurvenform und große Amplitude lassen Mira-Lichtwechsel vermuten.

S 5558 Aps Langsam veränderlich; $14^m.6 - 15^m.5$

Die Helligkeit des Sterns ändert sich langsam. Die beiden beobachteten Wellen verlaufen flach mit sehr geringer Amplitude.

S 5559 Aps Bedeckungs-Stern; $13^m.2 - 15^m.6$

Von dem Stern wurden bei 243 6747.351, 6759.311 und 6811.377 Schwächungen gefunden. Sie erwiesen sich als nicht ausreichend für die Ableitung der Elemente.

S 5560 Aps Langsam veränderlich; $14^m.4 - 15^m.5$

Die Lichtänderungen des Sterns sind langsam. Einem Maximum bei 243 6700 folgt nach einem flachen Abstieg ein Minimum, das bei etwa 6795 liegt.

S 5561 Aps β-Lyrae-Stern; $14^m.0 - 14^m.8$

Min. = 243 6728.426 + $0^d.4000 \cdot E$

JD	E	B-R	JD	E	B-R
243 6728.426	0	$0^d.000$	243 6785.235	142	$+0^d.009$
6773.216	112	-0.010	6789.226	152	0.000
6775.218	117	-0.008	6809.244	202	+0.018
6778.430	125	+0.004	6811.238	207	+0.012
6781.221	132	-0.005	6812.424	210	-0.002

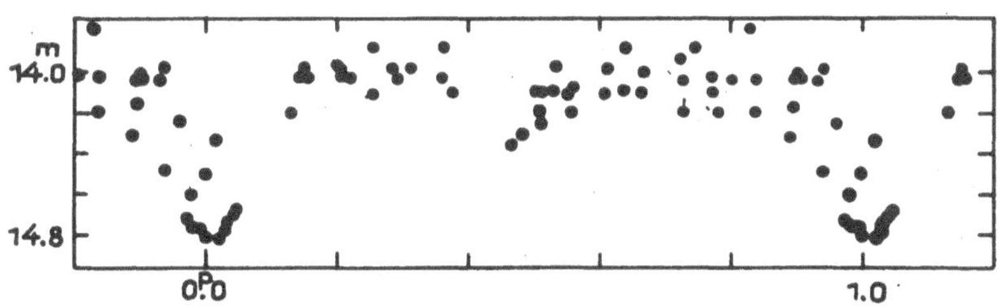

S 5562 Aps Bedeckungs-Stern; $13^m.7 - 14^m.7$

Der Veränderliche ist bei 243 6690.40 und 6694.43 im Minimum. Es hat den Anschein, als verläuft die Helligkeitsänderung verhältnismäßig langsam.

BN Aps RRab-Stern; $13^m_.8$ - $15^m_.2$

Max. = 243 6694.410 + $0^d_.520 \cdot E$

t(max)-t(min) = $0^p_.08$

JD	E	B-R	JD	E	B-R
243 6694.433	0	$+0^d_.023$	243 6745.370	98	$0^d_.000$
6720.411	50	+0.001	6746.389	100	-0.021
6730.347	69	+0.057	6780.219	165	+0.009
6731.340	71	+0.010	6784.362	173	-0.008
6732.335	73	-0.035	6809.371	221	+0.041

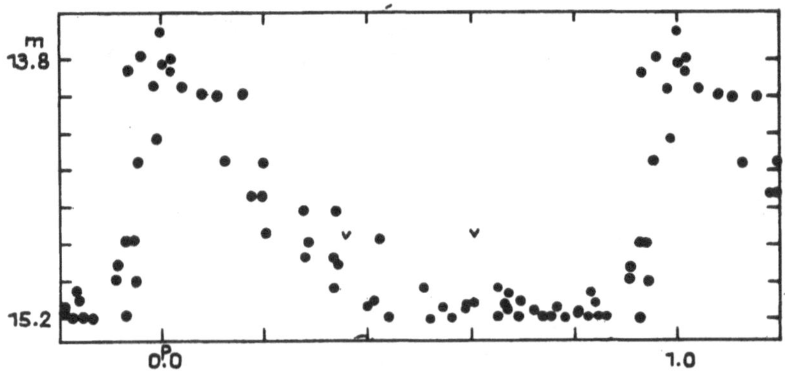

S 5564 Aps Konstant? $11^m_.5$ - $11^m_.8$

Die Aufnahmen zeigen eine regellose Streuung von etwa $0^m_.3$, die jedoch wegen der großen Helligkeit des Sterns nicht sicher ausgewertet werden kann.

BO Aps Bedeckungs-Stern; $12^m_.2$ - $14^m_.0$

Bei 243 6809.350 und 6811.238 ist der Veränderliche schwach. Die beiden Minima genügen nicht für die Ableitung der Elemente. Nachteilig wirkte sich die Randnähe aus, wodurch nur 33 Platten zur Verfügung standen.

BP Aps RRab-Stern; $13^m_.0$ - $14^m_.2$

Max. = 243 6775.218 + $0^d_.452 \cdot E$

t(max)-t(min) = $0^p_.15$

JD	E	B-R	JD	E	B-R
243 6760.281	-33	$-0^d_.021$	243 6789.226	31	$-0^d_.004$
6775.218	0	0.000	6811.377	80	-0.001
6778.390	+ 7	+0.008	6812.270	82	-0.012
6780.219	11	+0.029	6836.239	135	+0.001

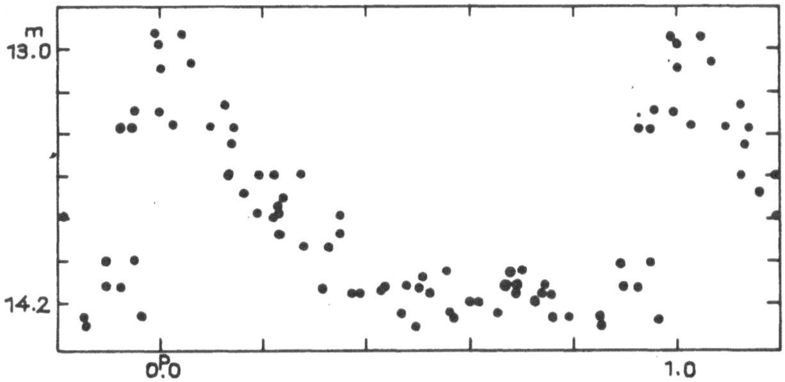

BQ Aps RRab-Stern; $13^m.0 - 14^m.3$

Max. = 243 6728.384 + $0^d.4563 \cdot E$

t(max)-t(min) = $0^P.15$

JD	E	B-R	JD	E	B-R
243 6728.384	0	$0^d.000$	243 6772.251	96	$+0^d.062$
6729.343	2	+0.046	6776.293	105	-0.002
6745.370	37	+0.003	6787.278	129	+0.031
6760.281	70	-0.044	6812.338	184	-0.005
6761.309	72	+0.071			

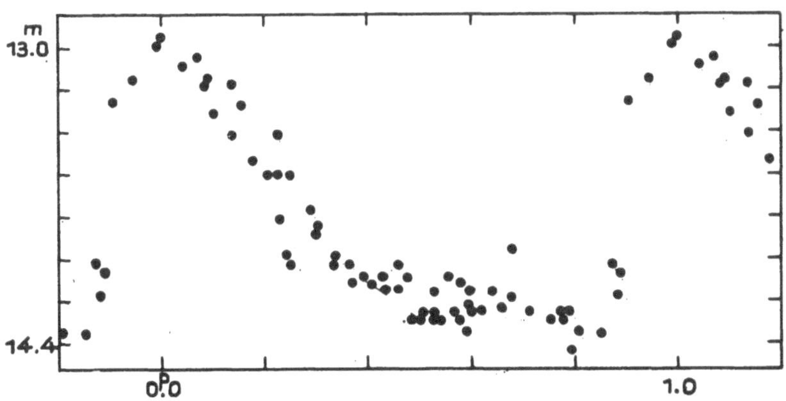

S 5568 Aps Langsam veränderlich; $13^m.2 - 13^m.7$

Der Lichtwechsel verläuft in flachen Wellen, deren Minima bei 243 6745 und 6810 liegen. Eine Periode von etwa 65^d ist nicht ausgeschlossen.

BR Aps RRab-Stern; $14^m_.8 - 15^m_.5$

Max. = 243 6725.450 + $0^d_.810 \cdot E$

t(max)-t(min) = $0^p_.18$

JD	E	B-R	JD	E	B-R
243 6725.431	0	$-0^d_.019$	243 6760.284	43	$+0^d_.004$
6730.347	6	+0.037	6773.216	59	-0.024
6747.351	27	+0.031	6811.328	106	+0.018

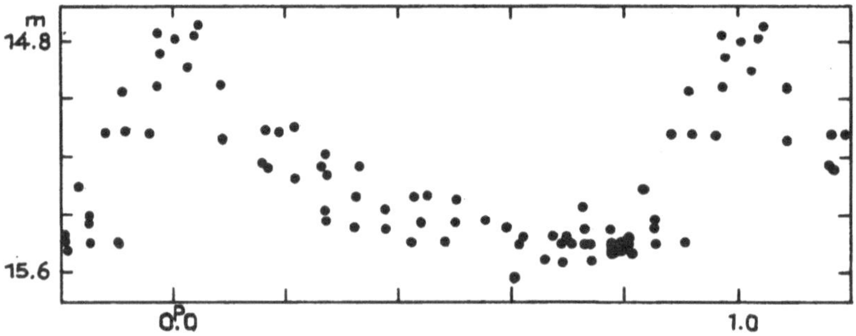

BU Aps RRab-Stern; $14^m_.5 - 15^m_.3$

Max. = 243 6728.330 + $0^d_.634 \cdot E$

t(max)-t(min) = $0^p_.13$

JD	E	B-R	JD	E	B-R
243 6728.384	0	$+0^d_.054$	243 6778.403	79	$-0^d_.013$
6747.351	30	+0.001	6787.278	93	-0.014
6761.309	52	+0.011	6789.226	96	+0.032
6775.218	74	-0.028	6811.377	131	-0.007

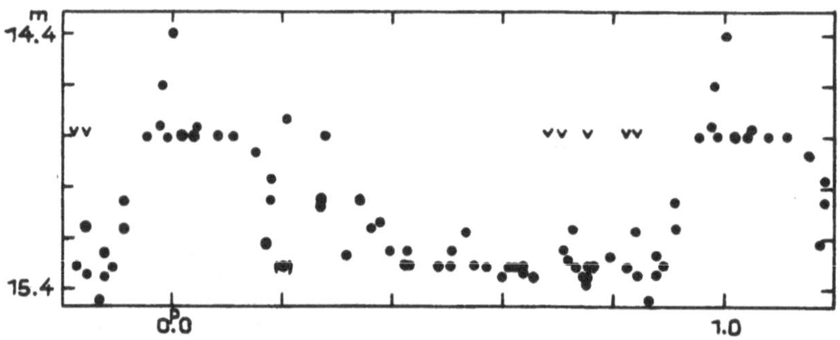

BT Aps Mira-Stern; $13^m_.5 - [15^m_.8$

Die beiden gefundenen Maxima können nicht genau bestimmt werden, weil zu diesen Zeiten nur einzelne Beobachtungen zur Verfügung

stehen. Sie liegen ungefähr bei 243 6680 und 6830, so daß dem Stern eine Periode von etwa 150^{d} zugeschrieben werden kann.

BV Aps   Bedeckungs-Stern; $12^{m}.1 - 12^{m}.5$

Bei 243 6725.431 6728.405, 6773.216 und 6809.413 ist der Stern geringfügig geschwächt. Es war nicht möglich, eine widerspruchsfreie Periode zu finden.

S 5573 Aps   Langsam veränderlich; $13^{m}.2 - 14^{m}.2$

Der Veränderliche ist zwischen 243 6690 und 6740 konstant schwach. Darauf folgt ein Anstieg, dem sich ein Maximum von 6770 bis 6810 anschließt.

S 5574 Aps   β-Lyrae-Stern; $14^{m}.2 - 14^{m}.9$
Min. = 243 6745.365 + $1^{d}.0312 \cdot E$

JD	E	B-R	JD	E	B-R
243 6745.370	0	$+0^{d}.005$	243 6778.382	32	$+0^{d}.019$
6746.389	1	-0.007	6809.307	62	+0.008
6759.311	13.5	+0.025	6810.335	63	+0.004
6760.281	14.5	-0.036	6811.353	64	-0.009
6773.216	27	+0.009	6812.402	65	+0.009
6776.315	30	+0.014			

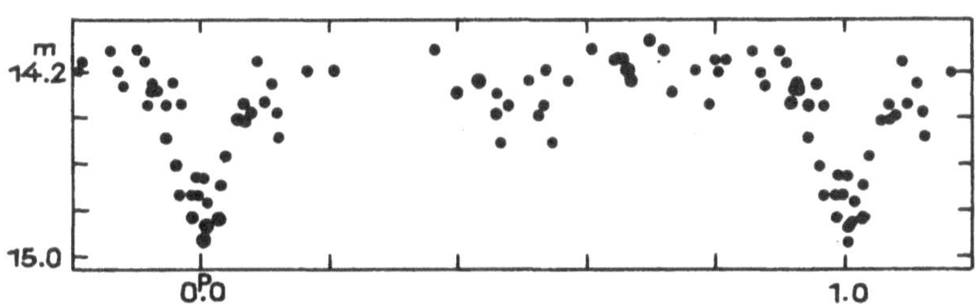

BW Aps   RRab-Stern; $13^{m}.0 - 14^{m}.5$
Max. = 243 6720.430 + $0^{d}.5928 \cdot E$
t(max)-t(min) = $0^{p}.15$

JD	E	B-R	JD	E	B-R
243 6720.411	0	$-0^{d}.019$	243 6783.306	106	$+0^{d}.039$
6729.343	15	+0.021	6789.226	116	+0.031
6745.370	42	+0.042	6790.384	118	+0.004
6761.309	69	-0.024	6809.345	150	-0.005
6773.216	89	+0.027	6812.315	155	+0.001

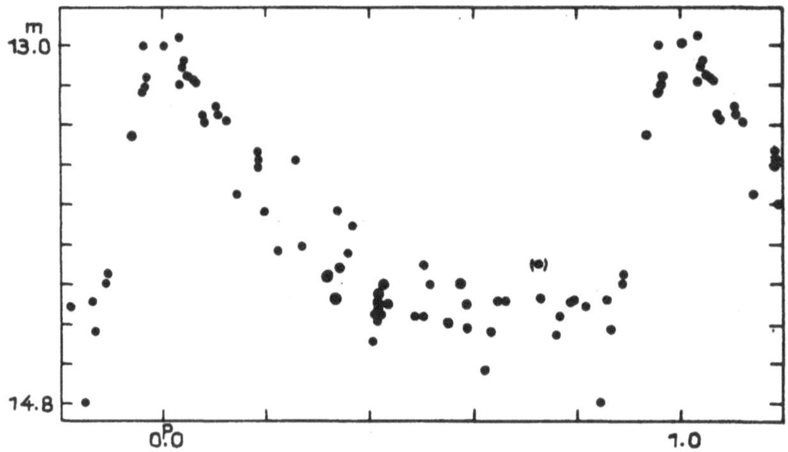

BX Aps   RRc-Stern; $14^m.0 - 15^m.0$

Max. = 243 6694.430 + $0^d.328 \cdot E$

t(max)-t(min) = $0^P.20$

JD	E	B-R	JD	E	B-R
243 6694.433	0	$+0^d.003$	243 6784.362	274	$+0^d.060$
6733.517	119	+0.055	6785.235	277	-0.051
6734.515	122	+0.069	6787.278	283	+0.024
6761.309	204	-0.033	6789.226	289	+0.004
6775.218	246	+0.100	6810.249	353	+0.035
6778.403	256	+0.005	6811.238	356	+0.040
6783.306	271	-0.012			

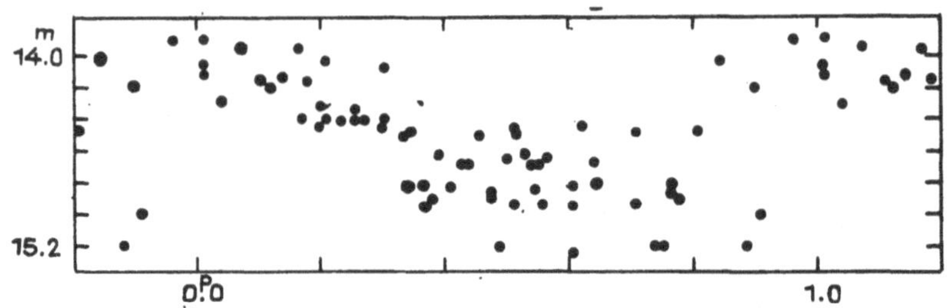

S 5577 Aps   Langsam veränderlich; $10^m.8 - 11^m.2$

Die Helligkeitsänderungen des Sterns verlaufen langsam und derart flach, daß sie nur schlecht wahrnehmbar sind.

S 5578 Aps   Langsam veränderlich; $13^m.4 - 14^m.0$

Bei 243 6690 und 6694 ist die Helligkeit des Sterns im Maximum, und in dem sonstigen Beobachtungszeitraum (6720 bis 6836) befindet sie sich nahezu konstant im unteren Bereich.

BZ Aps Mira-Stern; $13^{m}_{.}2$ - $15^{m}_{.}3$

Von dem Veränderlichen wurde ein etwa 50^{d} dauernder Aufstieg gefunden, beginnend bei 243 6780. Das Maximum könnte ungefähr bei 6840 liegen. Die Periode ist $\geq 180^{d}$.

CC Aps Mira-Stern; $12^{m}_{.}6$ - [$15^{m}_{.}5$

Auf dem vorhandenen Beobachtungsmaterial wurde ein Maximum gefunden, welches bei 243 6733 liegt.

BY Aps Langsam veränderlich; $13^{m}_{.}6$ - [$15^{m}_{.}6$

Von 243 6690 bis 6750 befindet sich der Stern im Abstieg (Beobachtungslücke von 6695 bis 6720). Auf den anschließenden Platten bis 6820 ist er nicht sichtbar.

S 5582 Aps β-Lyrae-Stern; $11^{m}_{.}2$ - $11^{m}_{.}7$
Min. = 243 6694.450 + $0^{d}_{.}8424 \cdot E$

JD	E	B–R	JD	E	B–R
243 6694.433	0	$-0^{d}_{.}017$	243 6781.221	103	$+0^{d}_{.}004$
6729.430	41.5	+0.020	6783.306	105.5	-0.017
6732.335	45	-0.023	6788.387	111.5	+0.009
6734.515	47.5	+0.051	6789.226	112.5	+0.006
6759.311	77	-0.004	6809.413	136.5	-0.025
6773.216	93.5	+0.002	6810.249	137.5	-0.031
6778.274	99.5	+0.005	6812.424	140	+0.038

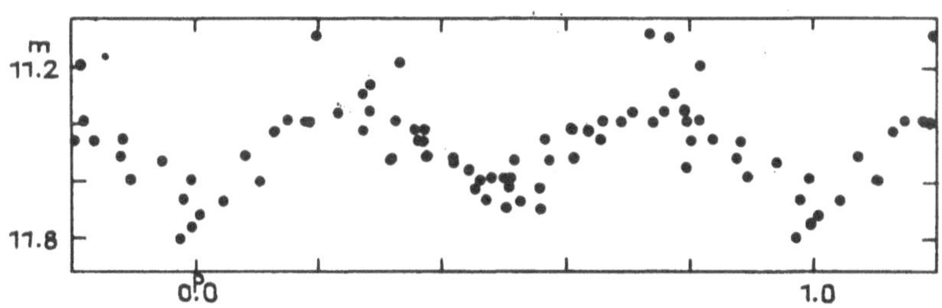

S 5583 Aps Langsam veränderlich; $12^{m}_{.}2$ - $14^{m}_{.}0$

Der Stern ist randnah, so daß er auf einem Teil der Platten nicht beobachtet werden konnte. Im Minimum ist er von 243 6750 bis 6815, und die nächsten drei Reihenaufnahmen bei 6836 zeigen ihn hell.

S 5584 Aps   Langsam veränderlich; $12^{\mathrm{m}}.6 - 13^{\mathrm{m}}.3$

Bei 243 6730 ist der Stern im Minimum. Anschließend steigt die Helligkeit flach an, unterbrochen von geringen Schwankungen, bis sie bei 6810 ihren Höhepunkt erreicht.

CD Aps   Bedeckungs-Stern; $11^{\mathrm{m}}.3 - 11^{\mathrm{m}}.8$

Außer der bei 243 6728.426 gefundenen Schwächung bleibt der Stern nahezu konstant im Maximum.

S 5586 Aps   RRab-Stern; $12^{\mathrm{m}}.8 - 13^{\mathrm{m}}.7$

Max. = 243 6720.385 + $0^{\mathrm{d}}.569 \cdot E$

t(max)-t(min) = $0^{\mathrm{p}}.12$

JD	E	B-R	JD	E	B-R
243 6720.411	0	$+0^{\mathrm{d}}.026$	243 6778.445	102	$+0^{\mathrm{d}}.022$
6728.384	14	+0.033	6785.235	114	-0.016
6732.335	21	+0.001	6789.226	121	-0.008
6733.517	23	+0.045	6790.384	123	+0.012
6760.281	70	+0.066	6810.292	158	+0.005
6761.309	72	-0.044			

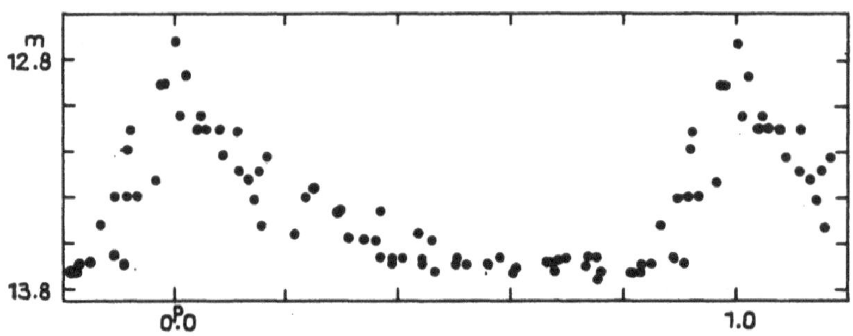

S 5587 Aps   RRab-Stern; $14^{\mathrm{m}}.9 - 16^{\mathrm{m}}.0$

Max. = 243 6694.370 + $0^{\mathrm{d}}.5183 \cdot E$

t(max)-t(min) = $0^{\mathrm{p}}.12$

JD	E	B-R	JD	E	B-R
243 6694.433	0	$+0^{\mathrm{d}}.063$	243 6775.218	156	$-0^{\mathrm{d}}.007$
6725.431	60	-0.037	6776.271	158	+0.010
6747.351	102	+0.114	6778.335	162	0.000
6761.309	129	+0.078	6789.226	183	+0.007
6773.216	152	+0.064	6816.240	235	+0.070

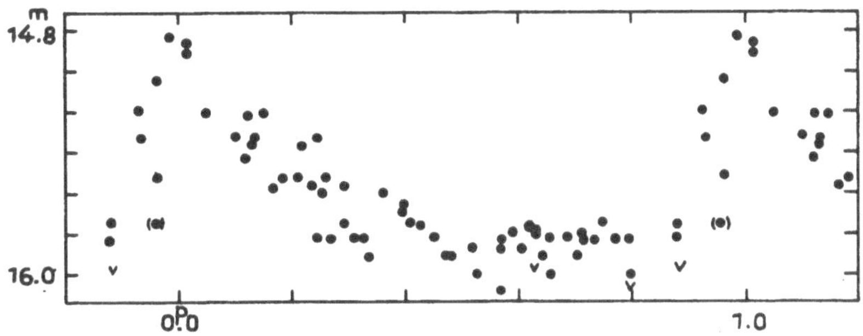

S 5588 Aps β-Lyrae-Stern; $12^{\mathrm{m}}.3 - 13^{\mathrm{m}}.3$

Min. = 243 6720.36 + $7^{\mathrm{d}}.995 \cdot E$

JD	E	B-R	JD	E	B-R
243 6720.41	0	$+0^{\mathrm{d}}.05$	243 6776.27	7	$-0^{\mathrm{d}}.05$
6728.40	1	+0.05	6784.36	8	+0.04
6760.28	5	-0.05			

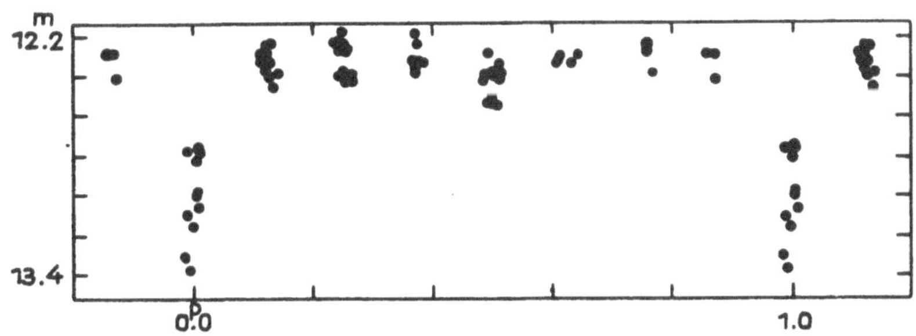

S 5589 Aps RRab-Stern; $14^{\mathrm{m}}.0 - 15^{\mathrm{m}}.3$ Abb. S. 426

Max. = 243 6729.290 + $0^{\mathrm{d}}.5022 \cdot E$

$t(max)-t(min) \approx 0^{\mathrm{p}}.15$

JD	E	B-R	JD	E	B-R
243 6729.343	0	$+0^{\mathrm{d}}.053$	243 6747.351	36	$-0^{\mathrm{d}}.018$
6730.347	2	+0.053	6778.488	98	-0.018
6731.340	4	+0.041	6812.248	165	+0.095
6732.335	6	+0.032	6816.240	173	+0.069
6745.370	32	+0.010	6836.255	213	-0.004
6746.389	34	+0.024			

S 5590 Aps Bedeckungs-Stern; $14^{\mathrm{m}}.0 - 14^{\mathrm{m}}.8$

Die Periode konnte nicht gefunden werden, weil nur 3 Minima zur Verfügung standen. Sie liegen bei 243 6728.426, 6781.221 und

und 6809.392.

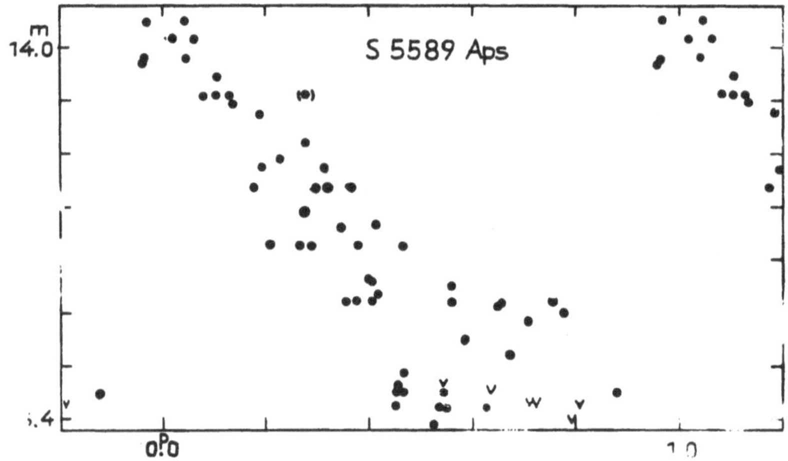

CH Aps RRab-Stern; $13^m.2 - 14^m.1$

Max. = 243 6694.400 + $0^d.5097 \cdot E$

t(max)-t(min) = $0^p.20$

JD	E	B-R	JD	E	B-R
243 6694.433	0	$+0^d.033$	243 6747.351	104	$-0^d.058$
6720.411	51	+0.016	6778.488	165	-0.012
6745.370	100	0.000	6789.226	186	+0.022
6746.389	102	0.000	6816.240	239	+0.022

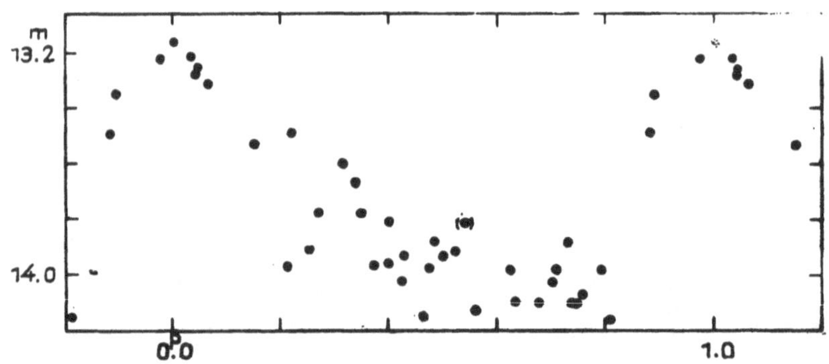

S 5592 Aps Langsam veränderlich; $13^m.7 - 14^m.1$

Der Lichtwechsel des Sterns verläuft sehr flach. Bei 243 6750 und 6810 ist er im Maximum, so daß eine Periode von $\approx 60^d$ möglich sein könnte.

<u>CI Aps</u> RRab-Stern; $14^m_.5 - 15^m_.3$

Max. = 243 6728.320 + $0^d_.5087 \cdot E$

t(max)-t(min) = $0^p_.10$

JD	E	B-R	JD	E	B-R
243 6728.384	0	$+0^d_.064$	243 6788.387	118	$+0^d_.040$
6729.343	2	+0.006	6790.384	122	+0.003
6730.347	4	-0.008	6809.244	159	+0.041
6778.231	98	+0.058	6810.249	161	+0.028
6780.219	102	+0.012	6811.238	163	0.000
6781.221	104	-0.004	6812.248	165	-0.007
6783.306	108	+0.046			

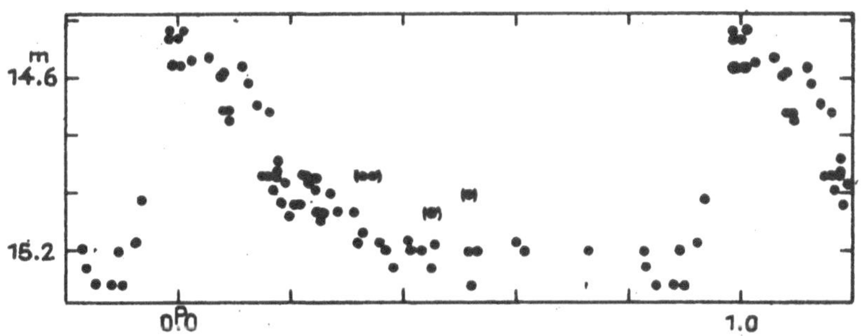

<u>S 5594 Aps</u> W-UMa-Stern; $13^m_.4 - 13^m_.8$

Min. = 243 6690.370 + $0^d_.37142 \cdot E$

JD	E	B-R	JD	E	B-R
243 6690.399	0	$+0^d_.029$	243 6776.358	231.5	$+0^d_.004$
6694.433	11	-0.023	6778.403	237	+0.007
6720.411	81	-0.044	6784.362	253	+0.023
6725.431	94.5	-0.038	6809.244	320	+0.020
6747.351	153.5	-0.032	6810.335	325	-0.004
6761.309	191	-0.002	6811.261	325.5	-0.006
6775.218	228.5	-0.021	6836.324	393	-0.014

Der Stern war auf den Platten etwas schwierig zu beobachten. Hierauf ist die Streuung in der Lichtkurve wahrscheinlich zurückzuführen.

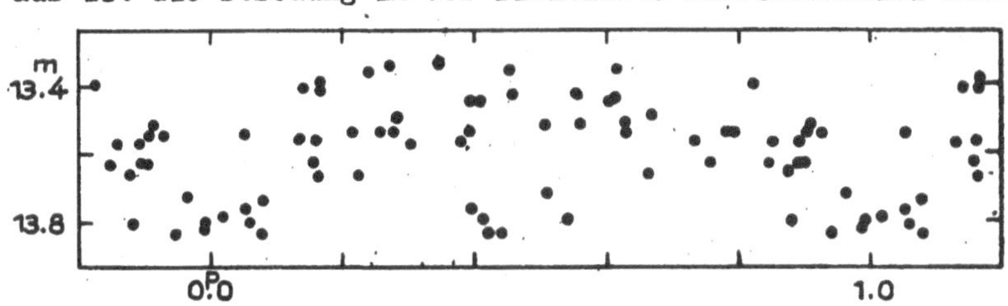

<u>S 5595 Aps</u> W-UMa-Stern? $13^{m}.0 - 13^{m}.3$

Die kleine Amplitude des Lichtwechsels erschwerte die Untersuchung, so daß oftmals Streuung und reelle Schwankung nicht sicher unterschieden werden konnten. Schwächungen bei 243 6772.251, 6773.216, 6775.218, 6783.306, 6788.387, 6789.226, 6790.384 und 6804.233 ließen $P \approx 0^{d}.840$ vermuten. Diese Annahme ist sehr wahrscheinlich unrichtig, da ihr in der Lichtkurve einige helle Beobachtungen widersprechen.

<u>CK Aps</u> RRab-Stern; $12^{m}.4 - 13^{m}.2$
Max. = 243 6690.450 + $0^{d}.6235 \cdot E$
t(max)-t(min) = $0^{p}.25$

JD	E	B-R	JD	E	B-R
243 6690.399	0	$-0^{d}.051$	243 6775.218	136	$-0^{d}.028$
6720.411	48	+0.033	6778.339	141	-0.024
6728.384	61	-0.099	6780.219	144	-0.015
6730.347	64	-0.007	6785.235	152	+0.013
6733.517	69	+0.046	6788.387	157	+0.048
6745.370	88	+0.052	6811.377	194	-0.032
6760.281	112	-0.001	6836.324	234	-0.025

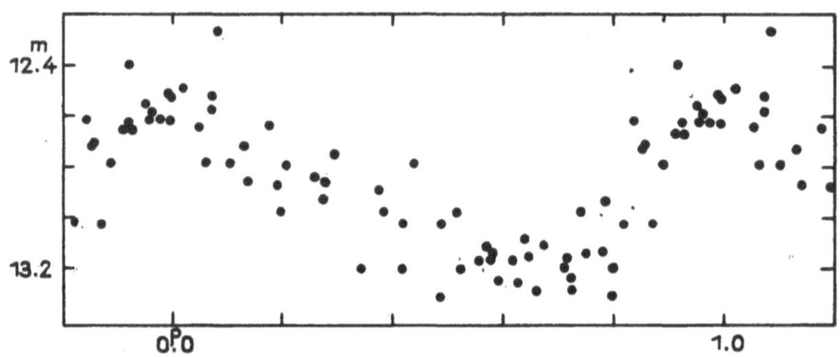

<u>CL Aps</u> RRab-Stern; $13^{m}.4 - 14^{m}.6$
Max. = 243 6728.400 + $0^{d}.4539 \cdot E$
t(max)-t(min) = $0^{p}.15$

JD	E	B-R	JD	E	B-R
243 6728.400	0	$0^{d}.000$	243 6783.306	121	$-0^{d}.016$
6729.343	2	+0.035	6789.226	134	+0.003
6759.311	68	+0.046	6804.233	167	+0.032
6778.317	110	-0.012	6812.381	185	+0.010

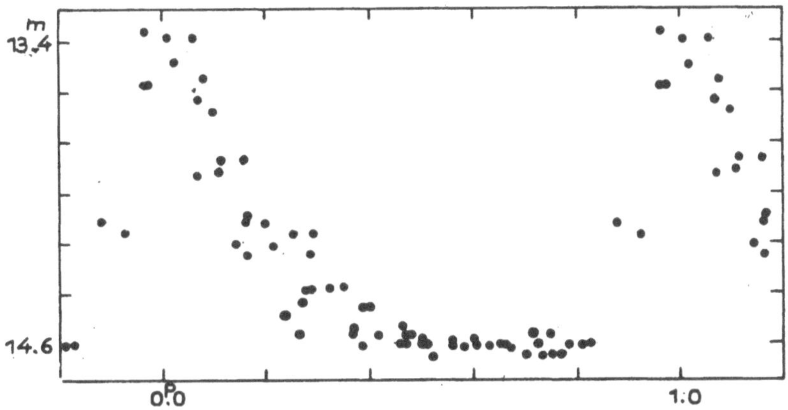

CM Aps RRab-Stern; $15^m.2 - 15^m.9$

Max. = 243 6728.350 + $0^d.5108 \cdot E$

t(max)-t(min) = $0^p.15$

JD	E	B-R	JD	E	B-R
243 6728.405	0	$+0^d.055$	243 6747.351	37	$+0^d.101$
6729.430	2	+0.058	6776.401	94	+0.036
6730.347	4	-0.046	6778.445	98	+0.037
6733.517	10	+0.059	6816.240	172	+0.032
6734.515	12	+0.035			

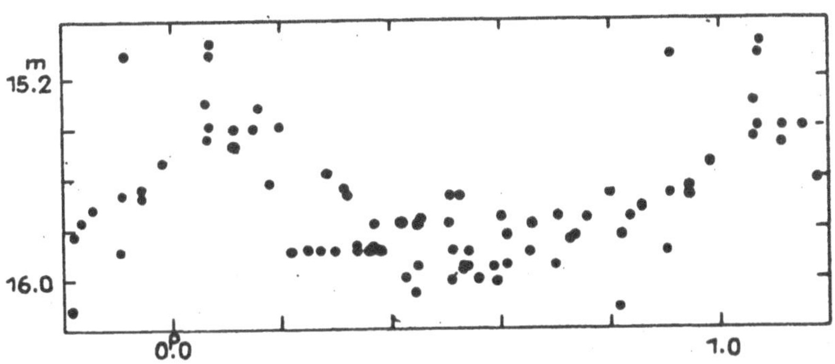

CN Aps Bedeckungs-Stern; $14^m.7 - 15^m.5$

Bei 243 6780.219 ist der Stern im Minimum. Es ist das einzige, welches auf den 65 Platten gefunden wurde.

<u>S 5600 Aps</u> RRc-Stern; $13\overset{m}{.}6 - 14\overset{m}{.}1$

Max. = 243 6690.380 + $0\overset{d}{.}2975 \cdot E$

t(max)-t(min) = $0\overset{p}{.}40$

JD	E	B-R	JD	E	B-R
243 6690.399	0	$+0\overset{d}{.}019$	243 6778.488	296	$+0\overset{d}{.}048$
6720.411	101	-0.016	6780.219	302	-0.006
6728.426	128	-0.034	6784.362	316	-0.028
6729.343	131	-0.009	6785.235	319	-0.047
6732.335	141	+0.008	6790.384	336	+0.044
6733.517	145	0.000	6810.249	403	-0.023
6760.281	235	-0.011	6812.338	410	-0.017
6776.336	289	-0.021			

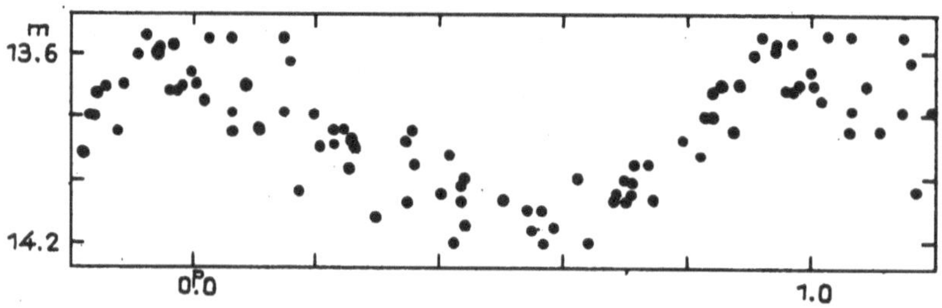

<u>S 5601 Aps</u> Langsam veränderlich; $11\overset{m}{.}3 - 12\overset{m}{.}0$

Langsam und in flachen Wellen verlaufen die Helligkeitsänderungen des Sterns. Er befindet sich bei 243 6730 und 6785 im Maximum.

<u>S 5602 Aps</u> W-UMa-Stern; $14\overset{m}{.}2 - 14\overset{m}{.}6$ Abb. S. 431

Min. = 243 6694.410 + $0\overset{d}{.}3046 \cdot E$

JD	E	B-R	JD	E	B-R
243 6694.433	0	$+0\overset{d}{.}023$	243 6804.233	360.5	$+0\overset{d}{.}015$
6728.384	111.5	+0.011	6809.244	377	0.000
6729.430	115	-0.009	6809.413	377.5	+0.017
6732.335	124.5	+0.002	6810.313	380.5	+0.003
6733.517	128.5	-0.034	6811.238	383.5	+0.014
6759.311	213	+0.021	6811.377	384	+0.001
6772.251	255.5	+0.016	6812.293	387	+0.003
6776.228	268.5	+0.033	6812.424	387.5	-0.018
6778.488	276	+0.008	6816.240	400	-0.010
6781.221	285	0.000	6836.324	466	-0.030
6788.387	308.5	+0.008			

<u>CP Aps</u> RRab-Stern; $13\overset{m}{.}5 - 15\overset{m}{.}0$

Max. = 243 6690.360 + $0\overset{d}{.}53065 \cdot E$

t(max)-t(min) = $0\overset{p}{.}25$

JD	E	B–R	JD	E	B–R
243 6690.399	0	$+0^{d}.039$	243 6809.244	224	$+0^{d}.018$
6725.431	66	+0.048	6810.292	226	+0.005
6759.311	130	−0.033	6811.370	228	+0.022
6776.315	162	−0.010	6812.402	230	−0.007
6778.445	166	−0.003	6836.281	275	−0.008

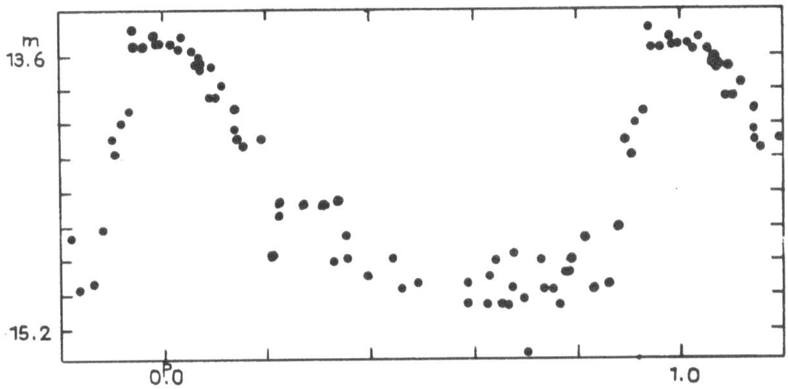

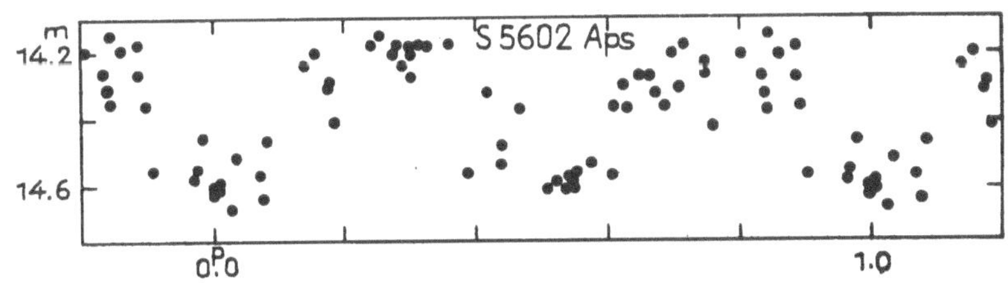

CO Aps RRab-Stern; $14^{m}.2 - 15^{m}.2$ Abb. S. 432

Max. = 243 6720.405 + $0^{d}.5945 \cdot E$

t(max)−t(min) = $0^{p}.20$

JD	E	B–R	JD	E	B–R
243 6720.411	0	$+0^{d}.006$	243 6776.271	94	$-0^{d}.017$
6729.343	15	+0.021	6785.235	109	−0.030
6732.335	20	+0.040	6804.233	141	+0.004
6733.517	22	+0.033	6810.249	151	+0.075
6745.370	42	−0.004	6811.377	153	+0.014
6760.281	67	+0.045	6836.324	195	−0.008

S 5605 Aps Bedeckungsstern; $14^{m}.3 - 14^{m}.7$

Der Stern ist wahrscheinlich ein Bedeckungsveränderlicher. Die folgenden Schwächungen scheinen gesichert: 243 6729.343, 6775.218 und 6778.231.

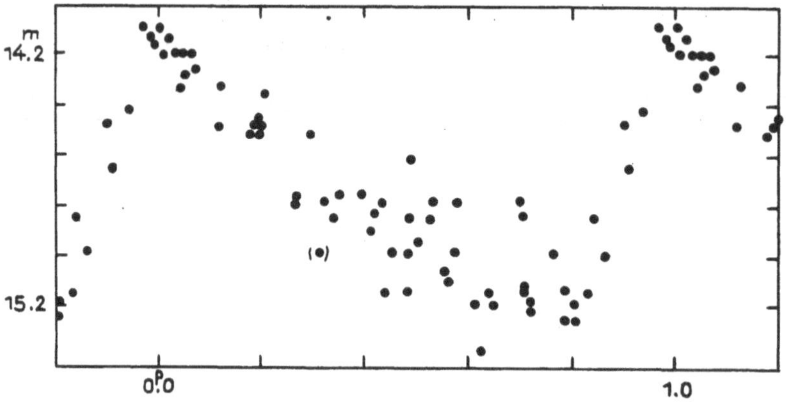

<u>S 5606 Aps</u> Konstant? $15\overset{m}{.}5 - 15\overset{m}{.}8$

Da der Stern auf den Platten äußerst schwach abgebildet wird und außerdem die Helligkeitsänderungen sehr gering sind, können Angaben über einen eventuellen Lichtwechsel nicht gemacht werden.

<u>S 5607 Aps</u> Mittellange Periode; $11\overset{m}{.}6 - 12\overset{m}{.}0$

Eine Periode von etwa 30 Tagen scheint während der Beobachtungszeit gültig zu sein. Die Maxima liegen ungefähr bei 243 6735, 6765 und 6800.

<u>CR Aps</u> Algol-Stern; $13\overset{m}{.}4 - 14\overset{m}{.}4$ Abb. S. 433

Min. = 243 6730.450 + $2\overset{d}{.}176 \cdot E$

D = $0\overset{p}{.}15$ d = $0\overset{p}{.}00$

JD	E	B-R	JD	E	B-[illegible]
243 6730.347	0	$-0\overset{d}{.}103$	243 6778.317	22	[illegible]
6776.228	21	+0.082	6789.226	27	[illegible]

Die Beobachtungen bei den Epochenzahlen E=0 und E=21 befinden sich im absteigenden und aufsteigenden Ast.

<u>CS Aps</u> RRab-Stern; $14\overset{m}{.}6 - 15\overset{m}{.}5$

Max. = 243 6728.420 + $0\overset{d}{.}5119 \cdot E$

t(max)-t(min) = $0\overset{p}{.}12$

JD	E	B-R	JD	E	B-R
243 6728.426	0	$+0\overset{d}{.}006$	243 6733.517	10	$-0\overset{d}{.}022$
6729.430	2	-0.014	6745.370	33	+0.057

JD	E	B–R	JD	E	B–R
243 6746.389	35	$+0^{d}.053$	243 6810.335	160	$+0^{d}.011$
6785.235	111	−0.006	6811.328	162	−0.020
6787.278	115	−0.010	6812.360	164	−0.012
6809.328	158	+0.028			

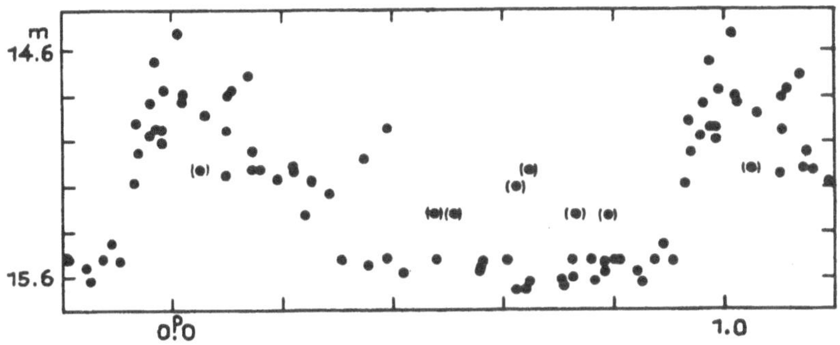

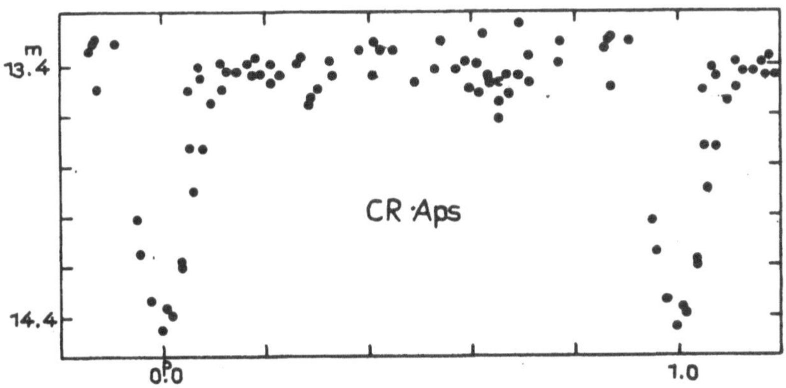

<u>S 5610 Aps</u> Langsam veränderlich; $13^{m}.8 - 14^{m}.2$

Der geringe Lichtwechsel des Sterns erfolgt in flachen Wellen. Das Objekt war hell von 243 6750 bis 6780 und bei 6836 (Einzelbeobachtung).

<u>CT Aps</u> RRab-Stern; $13^{m}.2 - 14^{m}.3$

Max. = 243 6690.410 + $0^{d}.6435 \cdot E$

t(max)−t(min) = $0^{p}.12$

JD	E	B–R	JD	E	B–R
243 6690.399	0	$-0^{d}.011$	243 6728.384	59	$+0^{d}.008$

JD	E	B–R	JD	E	B–R
243 6730.347	62	+0ᵈ.040	243 6784.362	146	+0ᵈ.001
6746.389	87	-0.005	6811.377	188	-0.011

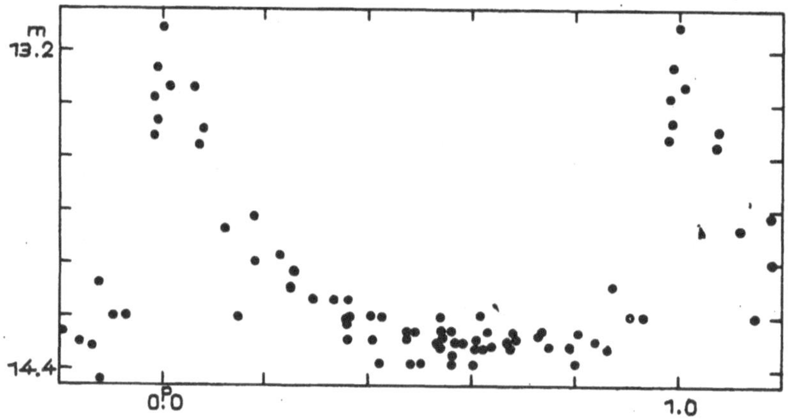

S 5612 Aps W-UMa-Stern; $12^m.7 - 13^m.0$

Min. = 243 6720.390 + $0^d.3422 \cdot E$

JD	E	B–R	JD	E	B–R
243 6720.411	0	+0ᵈ.021	243 6746.389	76	-0ᵈ.008
6728.426	23.5	-0.006	6776.315	163.5	-0.025
6729.430	26.5	-0.028	6778.403	169.5	+0.010
6731.340	32	0.000	6809.371	260	+0.009
6732.335	35	-0.032	6811.238	265.5	-0.006
6745.370	73	-0.001	6812.293	268.5	+0.022

Die kleine Amplitude sowie die raschen Helligkeitsänderungen sind wahrscheinlich die Ursache für die Streuung in der Lichtkurve.

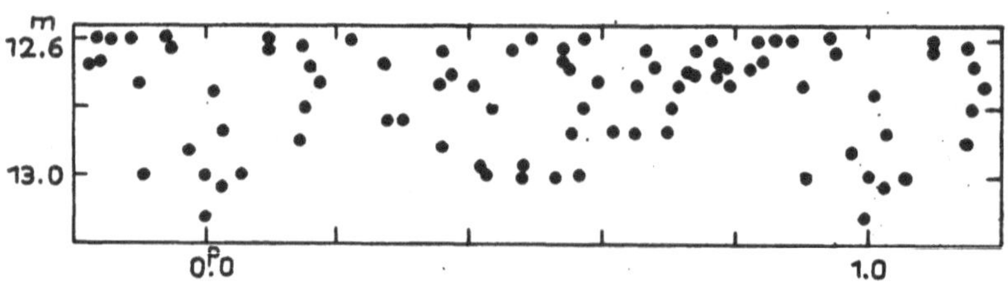

FX Aps Mira-Stern? $14^m.2 - [15^m.5$

Von dem Veränderlichen konnte wegen des kurzen Beobachtungszeitraums nur ein Maximum gefunden werden. Im schwachen Licht ist er von 243 6690 bis 6775, anschließend Aufstieg bis 6790 und ab 6805 Beginn des etwa 50 Tage dauernden Abstiegs.

S 5614 Aps RRab-Stern; $13^m.7 - 14^m.7$

Max. = 243 6725.440 + $0^d.9775 \cdot E$

t(max)-t(min) = $0^p.20$

JD	E	B-R	JD	E	B-R
243 6725.431	0	$-0^d.009$	243 6776.250	52	$-0^d.020$
6728.384	3	+0.012	6778.231	54	+0.006
6729.343	4	-0.007	6780.219	56	+0.039
6730.347	5	+0.020	6812.424	89	-0.013

Wegen eines Nachbarsterns war die Beobachtung des Veränderlichen etwas schwierig. Die Streuung in der Lichtkurve ist darauf zurückzuführen.

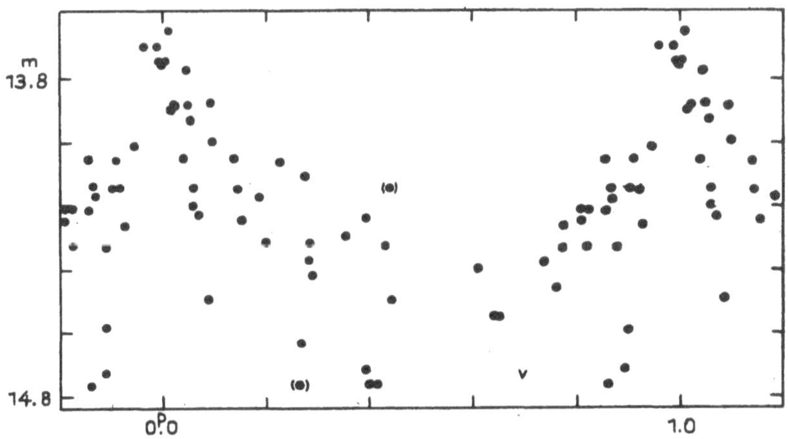

CU Aps RRab-Stern; $13^m.2 - 14^m.0$ Abb. S. 436

Max. = 243 6725.390 + $0^d.5376 \cdot E$

t(max)-t(min) = $0^p.15$

JD	E	B-R	JD	E	B-R
243 6725.431	0	$+0^d.041$	243 6773.216	89	$-0^d.020$
6731.340	11	+0.036	6780.219	102	-0.006
6733.517	15	+0.063	6809.265	156	+0.009
6734.515	17	-0.014	6810.335	158	+0.004
6745.370	37	+0.089	6811.377	160	-0.029
6746.389	39	+0.033	6816.240	169	-0.004
6759.311	63	+0.052	6836.239	206	+0.103

S 5616 Aps RRc-Stern; $14^m.0 - 14^m.6$

Max. = 243 6728.370 + $0^d.3559 \cdot E$

t(max)-t(min) = $0^p.25$

JD	E	B–R	JD	E	B–R
243 6728.384	0	$+0^{d}.014$	243 6789.226	171	$-0^{d}.003$
6729.430	3	−0.008	6804.233	213	+0.056
6759.311	87	−0.022	6810.249	230	+0.022
6773.216	126	+0.003	6811.328	233	+0.033
6776.401	135	−0.015	6812.360	236	−0.002

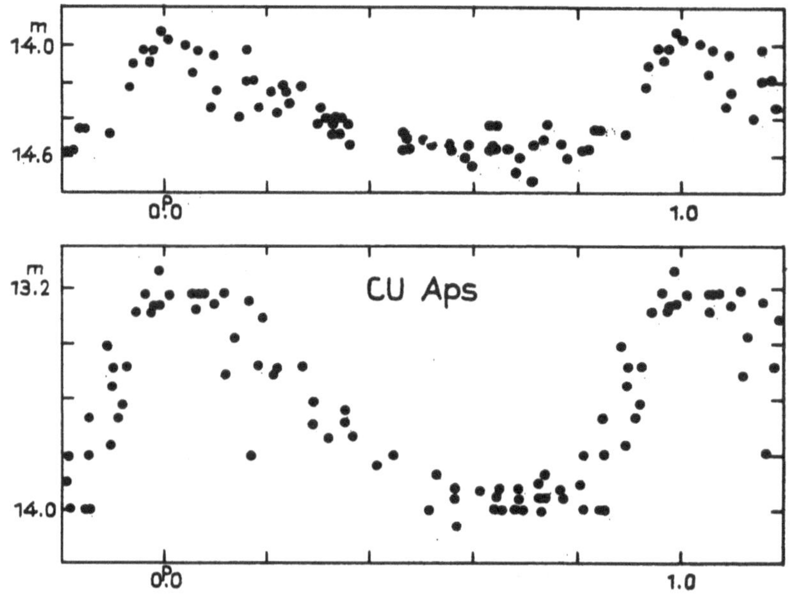

CW Aps   RRab-Stern; $13^{m}.3 - 14^{m}.6$ Abb. S. 437

Max. 243 6694.400 + $0^{d}.6222 \cdot E$

t(max)−t(min) = $0^{p}.15$

JD	E	B–R	JD	E	B–R
243 6694.433	0	$+0^{d}.033$	243 6778.403	135	$+0^{d}.006$
6729.343	56	+0.100	6785.235	146	−0.006
6732.335	61	−0.019	6788.387	151	+0.035
6747.351	85	+0.064	6811.377	188	+0.003
6772.251	125	+0.076	6836.281	228	+0.019

CX Aps   RRab-Stern; $14^{m}.5 - 15^{m}.8$

Max. = 243 6746.370 + $0^{d}.4818 \cdot E$

t(max)−t(min) = $0^{p}.15$

JD	E	B–R	JD	E	B–R
243 6746.389	0	$+0^{d}.019$	243 6789.226	89	$-0^{d}.024$
6747.351	2	+0.017	6804.233	120	+0.047
6761.309	31	+0.003	6811.377	135	-0.036
6776.228	62	-0.014	6812.381	137	+0.004
6787.278	85	-0.045	6816.240	145	+0.009

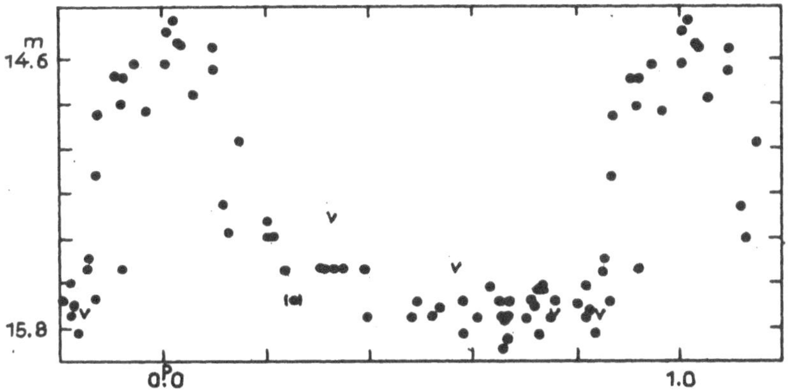

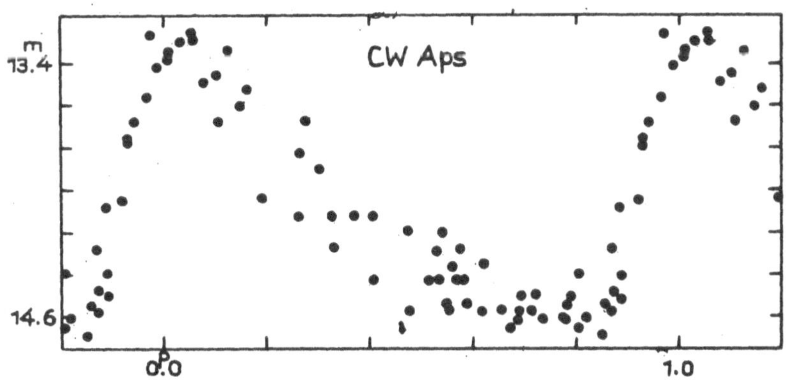

<u>CY Aps</u> Algol-Stern; $12^{m}.9$ – $14^{m}.2$ Abb. S. 438

Min. = 243 6746.350 + $3^{d}.825 \cdot E$

JD	E	B–R	JD	E	B–R
243 6746.389	0	$+0^{d}.039$	243 6788.387	11	$-0^{d}.038$
6773.216	7	+0.091	6811.377	17	+0.002

<u>CZ Aps</u> Mira-Stern; $13^{m}.3$ –[$15^{m}.5$

Der Veränderliche ist von 243 6690 bis 6780 nicht sichtbar, und anschließend erfolgt ein Anstieg der Helligkeit bis 6815. Das Maximum wird ungefähr bei 6825 liegen.

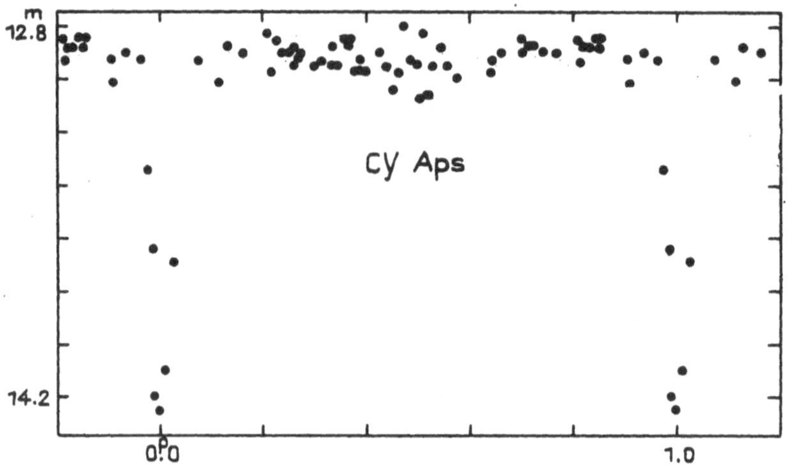

<u>DD Aps</u> RRab-Stern; 12^{m}.3 - 13^{m}.1

Max. = 243 6725.320 + 0^{d}.6482·E

t(max)-t(min) = 0^{p}.20

JD	E	B-R	JD	E	B-R
243 6725.431	0	+0^{d}.111	243 6775.218	77	-0^{d}.013
6729.343	6	+0.134	6778.445	82	-0.027
6734.515	14	+0.122	6784.362	91	+0.056
6747.351	34	-0.008	6810.249	131	+0.015
6760.281	54	-0.042	6812.248	134	+0.069

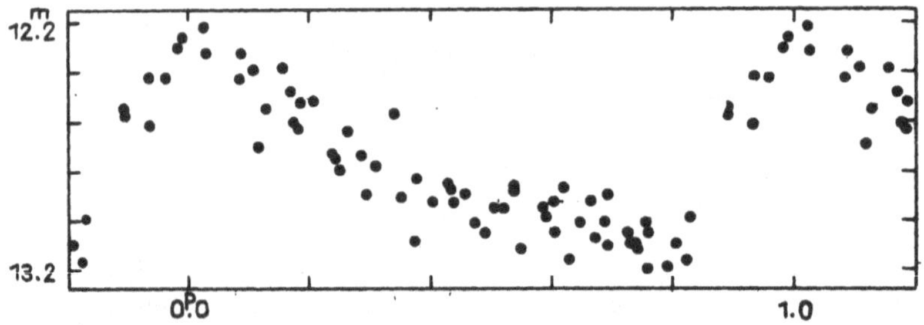

<u>S 5622 Aps</u> Mittellange Periode; 13^{m}.5 - 14^{m}.0

Die genäherten Elemente

243 6730 + 40^{d}·E

wurden aus drei Maxima ermittelt, die ungefähr bei 243 6730,

6770 und 6810 liegen.

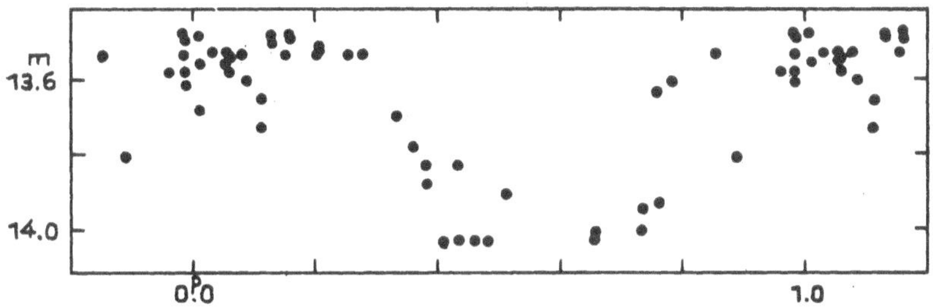

DE Aps RRc-Stern; $14^m.0 - 14^m.6$

Max. = 243 6725.440 + $0^d.4044 \cdot E$

t(max)-t(min) = $0^p.50$

JD	E	B-R	JD	E	B-R
243 6725.431	0	$-0^d.009$	243 6776.380	126	$-0^d.014$
6730.347	12	+0.054	6778.403	131	-0.013
6732.335	17	+0.020	6783.306	143	+0.037
6733.517	20	-0.011	6787.278	153	-0.035
6745.370	49	+0.114	6804.233	195	-0.065
6747.351	54	+0.073	6811.238	212	+0.065
6760.281	86	+0.063	6812.402	215	+0.016
6773.216	118	+0.057	6836.260	274	+0.014
6775.218	123	+0.037			

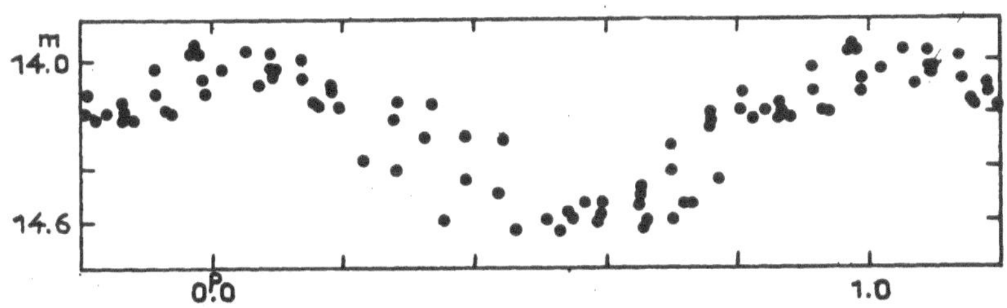

S 5624 Aps Langsam veränderlich; $11^m.0 - 11^m.5$

Von dem Stern wurde ein etwa 30^d dauerndes flaches Minimum beobachtet (243 6745 bis 6775). Die sonstigen Aufnahmen zeigen ihn hell.

S 5625 Aps RR-Lyrae-Stern? $14^m.6 - 14^m.9$

Die Beobachtungen erwiesen sich wegen der kleinen Amplitude des Sterns oft als unsicher und verhinderten eine Periodenbestimmung. Es kann jedoch als sicher gelten, daß rascher Lichtwechsel (wahrscheinlich $P \approx 0^d.2$) vorliegt, entgegen der Vermutung "langsam veränderlich" in der Entdeckungsanzeige.

S 5626 Aps Algol-Stern; $13^m.4$ - $14^m.0$

Min. = 243 6732.390 + $2^d.851 \cdot E$

JD	E	B-R	JD	E	B-R
243 6732.335	0	$-0^d.055$	243 6809.371	27	$+0^d.004$
6772.251	14	-0.053	6812.248	28	+0.030
6775.218	15	+0.063			

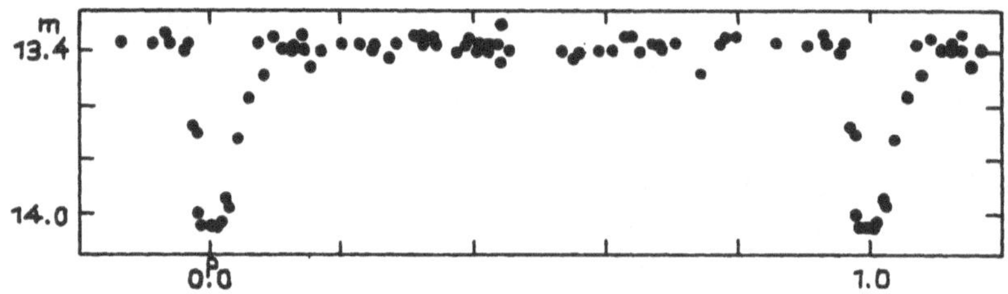

DG Aps RRab-Stern; $13^m.5$ - $14^m.2$

Max. = 243 6694.440 + $0^d.4255 \cdot E$

t(max)-t(min) = $0^p.18$

JD	E	B-R	JD	E	B-R
243 6694.433	0	$-0^d.007$	243 6778.231	197	$-0^d.032$
6720.411	61	+0.016	6781.221	204	-0.021
6729.343	82	+0.012	6804.233	258	+0.014
6732.335	89	+0.026	6809.392	270	+0.067
6746.389	122	+0.038	6812.338	277	+0.035

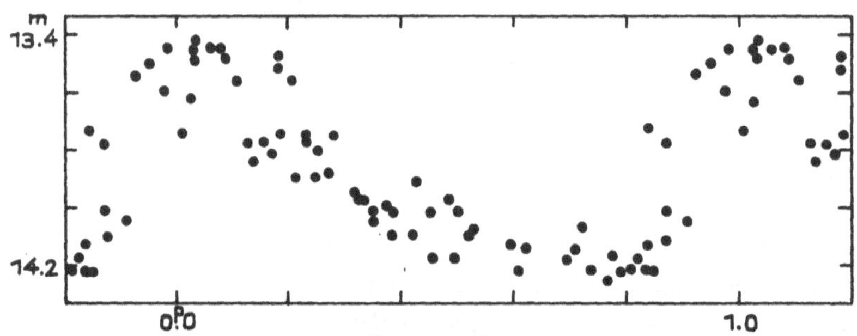

DF Aps RRab-Stern; $13^m.8$ - $14^m.4$

Max. = 243 6729.420 + $0^d.5454 \cdot E$

t(max)-t(min) = $0^p.15$

JD	E	B-R	JD	E	B-R
243 6729.430	0	$+0^d.010$	243 6811.238	150	$+0^d.008$
6776.315	86	-0.009	6812.338	152	+0.017
6778.488	90	-0.018	6836.324	196	+0.006
6781.221	95	-0.012			

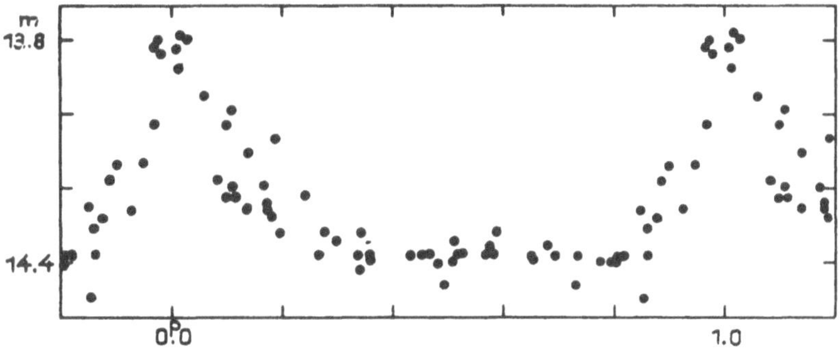

S 5629 Aps RRab-Stern; $14^{m}.8 - 15^{m}.5$

Max. = 243 6733.490 + $0^{d}.49715 \cdot E$

t(max)-t(min) = $0^{p}.18$

JD	E	B-R	JD	E	B-R
243 6733.517	0	$+0^{d}.027$	243 6776.271	86	$+0^{d}.026$
6746.389	26	-0.027	6778.231	90	-0.002
6759.311	52	-0.031	6780.219	94	-0.003
6761.309	56	-0.021	6781.221	96	+0.005
6772.251	78	-0.017			

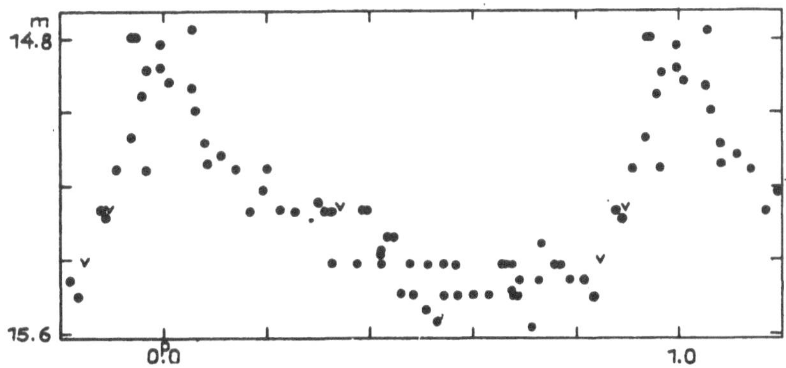

DK Aps RR-Lyrae-Stern; $14^{m}.8 - 15^{m}.6$

Wegen der Lichtschwäche des Sterns konnte ein Teil der Platten nicht ausgewertet werden. Bei 243 6729.430 und 6745.370 ist er hell. Es ist anzunehmen, daß RRab-Lichtwechsel vorliegt.

DI Aps RRab-Stern; $12^{m}.2 - 13^{m}.0$

Max. = 243 6728.360 + $0^{d}.5192 \cdot E$

t(max)-t(min) = $0^{p}.15$

JD	E	B-R	JD	E	B-R
243 6728.384	0	+0ᵈ.024	243 6804.233	146	+0ᵈ.070
6729.430	2	+0.032	6809.371	156	+0.016
6733.517	10	-0.035	6836.324	208	-0.030
6778.231	96	+0.028			

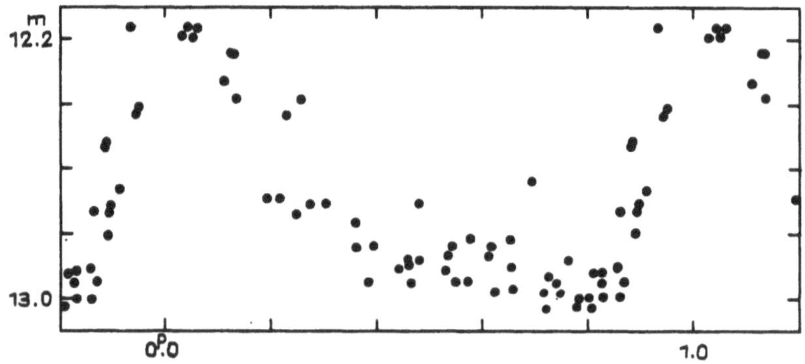

S 5632 Aps   Mittellange Periode; $12^m_{\cdot}6$ - $13^m_{\cdot}4$

Eine Periode von ungefähr 40 Tagen ist während des Beobachtungszeitraums gültig. Die Maxima liegen etwa bei 243 6715, 6753 und 6795.

S 5633 Aps   Langsam veränderlich; $13^m_{\cdot}0$ - $13^m_{\cdot}5$

Die Helligkeitsänderungen des Sterns sind sehr langsam. Von 243 6690 bis 6750 wurde ein Abstieg beobachtet mit anschließendem Minimum bis 6790. Der darauffolgende Anstieg verläuft ebenso flach wie der Abstieg. Der Stern erreicht vermutlich eine größere Helligkeit als die angegebene.

DL Aps   RRab-Stern; $14^m_{\cdot}5$ - $15^m_{\cdot}5$ Abb. S. 443

Max. = 243 6728.405 + $0^d_{\cdot}5381 \cdot E$

t(max)-t(min) = $0^p_{\cdot}13$

JD	E	B-R	JD	E	B-R
243 6728.405	0	0ᵈ.000	243 6784.362	104	-0ᵈ.005
6775.218	87	-0.002	6789.226	113	+0.016
6776.315	89	+0.019	6811.284	154	+0.012
6778.466	93	+0.018	6812.338	156	-0.011
6783.306	102	+0.015			

S 5635 Aps   Langsam veränderlich; $13^m_{\cdot}0$ - $13^m_{\cdot}4$

Der Stern ändert seine Helligkeit langsam, die Amplitude ist klein. Nach der Lichtkurve zu urteilen ist langsamer Bedeckungslichtwechsel nicht völlig ausgeschlossen.

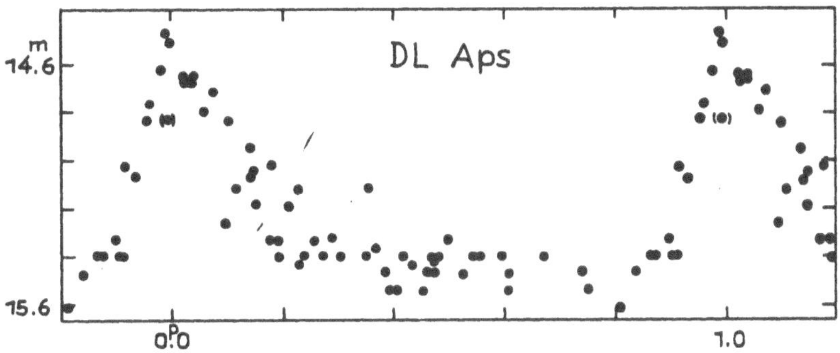

S 5636 Aps — RRab-Stern; $14^{m}.7$ - [$15^{m}.7$

Max. = 243 6720.410 + $0^{d}.49655$·E

t(max)-t(min) = $0^{p}.08$

JD	E	B-R	JD	E	B-R
243 6720.411	0	+$0^{d}.001$	243 6809.286	179	-$0^{d}.006$
6729.343	18	-0.005	6810.292	181	+0.007
6730.347	20	+0.006	6811.284	183	+0.005
6731.340	22	+0.006	6812.293	185	+0.021
6732.335	24	+0.008	6816.240	193	-0.004
6778.488	117	-0.018			

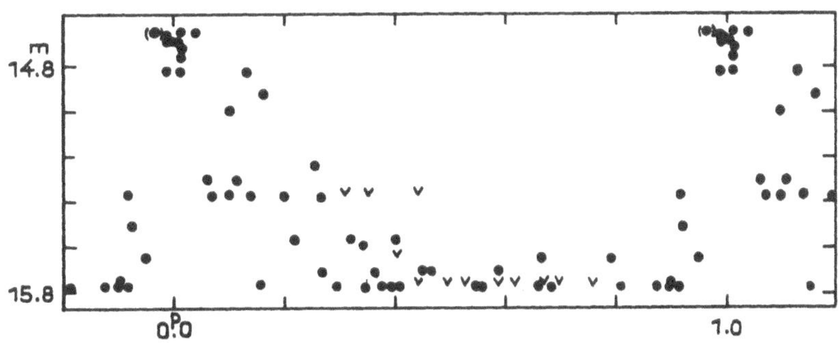

S 5637 Aps — Mira-Stern; $13^{m}.5$ - $15^{m}.1$

Ein gut durchbeobachtetes Maximum (35 Tage dauernd) wurde bei 243 6795 gefunden. Da außerdem ein Abstieg von 6690 bis 6725 erfolgt, ist anzunehmen, daß eine Periode von ungefähr 125 Tagen wirksam ist.

DM Aps Bedeckungs-Stern; $12^m.7$ - $13^m.4$

Nur ein einziges Minimum konnte von dem Stern gefunden werden. Es liegt bei 243 6733.517 und scheint reell zu sein.

S 5639 Aps W-UMa-Stern; $15^m.0$ - $15^m.3$
Min. = 243 6720.430 + $0^d.3742 \cdot E$

JD	E	B-R	JD	E	B-R
243 6694.433	-69.5	$+0^d.010$	243 6775.218	146.5	$-0^d.032$
6720.411	0	-0.019	6778.403	155	-0.028
6729.430	+24	+0.019	6781.221	162.5	-0.016
6733.517	35	-0.010	6783.306	168	+0.010
6759.311	104	-0.036	6811.377	243	+0.016
6772.251	138.5	-0.006	6816.240	256	+0.015

Es ist nicht völlig sicher, ob die Periode richtig bestimmt wurde. Lichtschwäche und kleine Periode erschwerten die Bearbeitung des Falles.

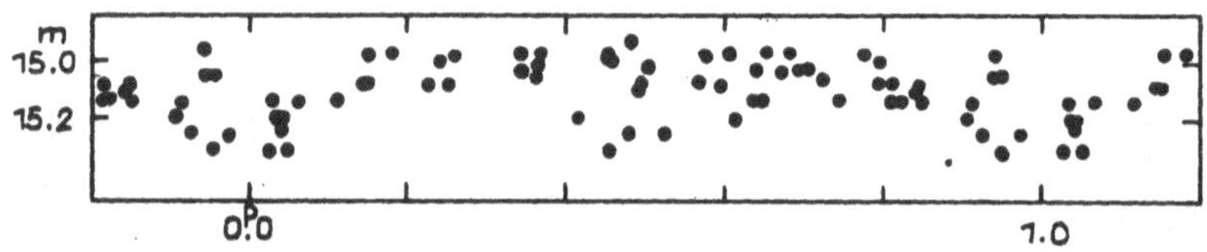

DO Aps RRab-Stern; $13^m.5$ - $15^m.0$ Abb. S. 445
Max. = 243 6729.300 + $0^d.5062 \cdot E$
t(max)-t(min) = $0^p.13$

JD	E	B-R	JD	E	B-R
243 6729.343	0	$+0^d.043$	243 6804.233	148	$+0^d.015$
6731.340	4	+0.015	6809.286	158	+0.006
6732.335	6	-0.002	6810.292	160	0.000
6776.358	93	-0.019	6811.328	162	+0.024
6778.403	97	+0.002	6812.338	164	+0.021

S 5641 Aps β-Lyrae-Stern; $13^m.4$ - $14^m.3$
Min. = 243 6725.400 + $0^d.7384 \cdot E$

JD	E	B-R	JD	E	B-R
243 6725.431	0	$+0^d.031$	243 6733.517	11	$-0^d.005$
6728.384	4	+0.030	6745.370	27	+0.033
6729.430	5.5	-0.031	6776.335	69	-0.015

JD	E	B-R	JD	E	B-R
243 6785.235	81	$+0^d.025$	243 6810.310	115	$-0^d.006$
6790.384	88	+0.005	6816.240	123	+0.017

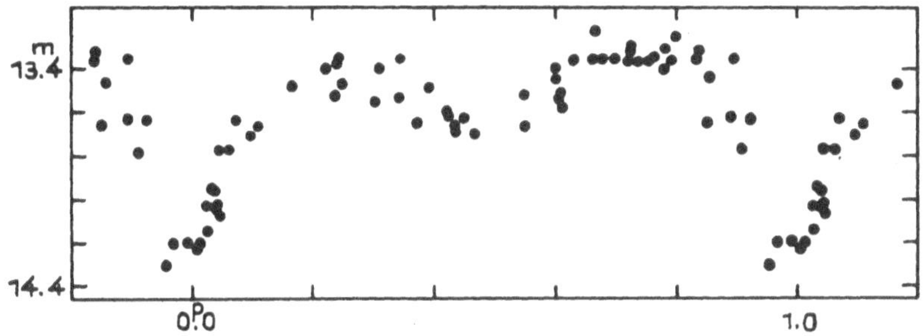

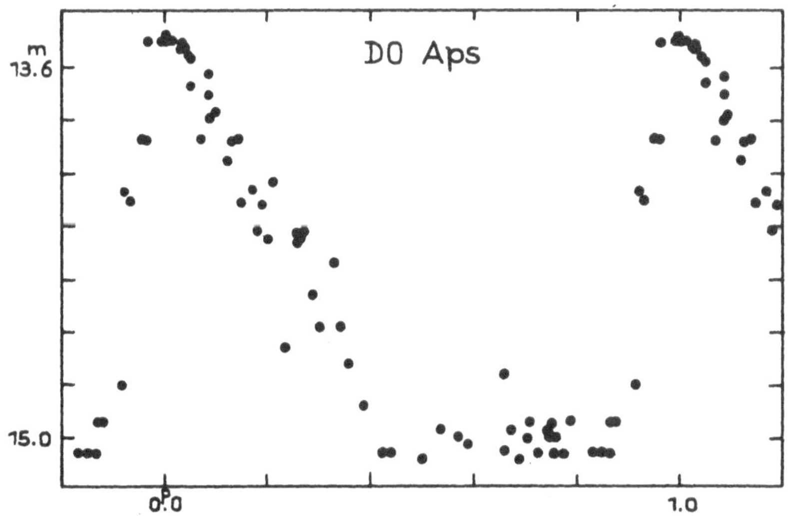

<u>DP Aps</u> RRab-Stern; $15^m.0 - 15^m.8$

Max. = 243 6690.400 + $0^d.6109 \cdot E$

t(max)-t(min) = $0^p.15$

JD	E	B-R	JD	E	B-R
243 6690.399	0	$-0^d.001$	243 6780.219	147	$+0^d.017$
6731.340	67	+0.010	6783.306	152	+0.049
6745.370	90	-0.011	6811.352	198	-0.006
6772.251	134	-0.010	6816.240	206	-0.005
6778.361	144	-0.009			

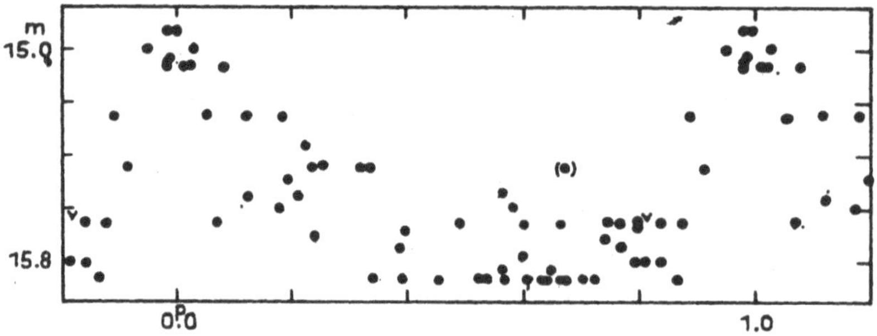

S 5643 Aps   RR-Lyrae-Stern? $13^m.6 - 14^m.1$

Von dem Veränderlichen wurden drei Erhellungen bei 243 6690.400, 6694.433 und 6836.240 gefunden. Sie sind zur Bestimmung der Elemente nicht ausreichend.

DR Aps   RRab-Stern; $13^m.3 - 14^m.6$
Max. = 243 6690.390 + $0^d.5643 \cdot E$
t(max)-t(min) = $0^P.13$

JD	E	B-R	JD	E	B-R
243 6690.399	0	$+0^d.009$	243 6781.221	161	$-0^d.021$
6725.431	62	+0.054	6785.235	168	+0.043
6729.343	69	+0.016	6812.293	216	+0.014
6747.351	101	-0.033	6816.240	223	+0.011
6778.403	156	-0.018			

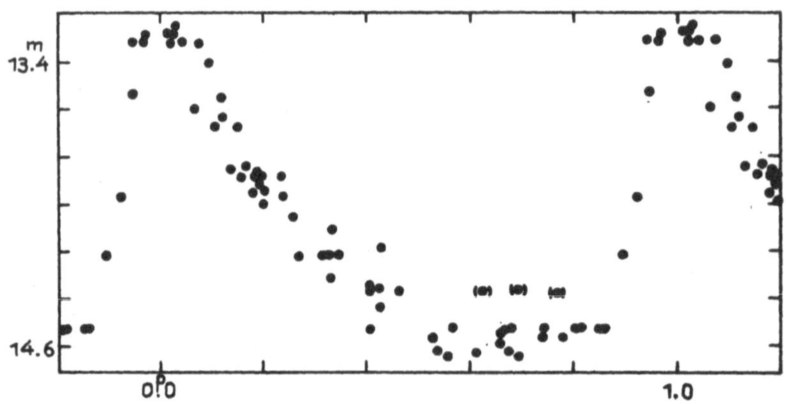

DQ Aps   RRab-Stern; $15^m.0 - 15^m.8$
Max. = 243 6729.360 + $0^d.5696 \cdot E$
t(max)-t(min) = $0^d.15$

JD	E	B–R	JD	E	B–R
243 6729.343	0	$-0^{d}.017$	243 6781.221	91	$+0^{d}.027$
6734.515	9	+0.029	6810.249	142	+0.006
6773.216	77	−0.003	6811.377	144	−0.005
6778.361	86	+0.015			

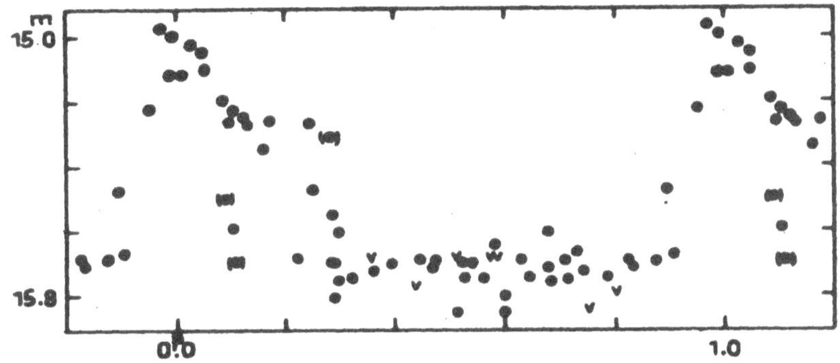

DT Aps U-Geminorum-Stern; $14^{m}.4$ – [$15^{m}.8$

Von dem Stern wurden drei Helligkeitsausbrüche gefunden: 243 6729, 6746 (mit niedrigerem Maximum) und 6776. Die Dauer des Anstiegs beträgt etwa 2 Tage, der Abfall zum Normallicht etwa 6 Tage.

DU Aps Algol-Stern; $11^{m}.3$ – $12^{m}.0$

Min. = 243 6694.40 + $3^{d}.087 \cdot E$

JD	E	B–R	JD	E	B–R
243 6694.43	0	$+0^{d}.03$	243 6734.51	13	$-0^{d}.02$
6728.40	11	+0.04	6759.31	21	+0.08
6731.34	12	−0.10			

Eine Verdopplung der Periode ist nicht ausgeschlossen.

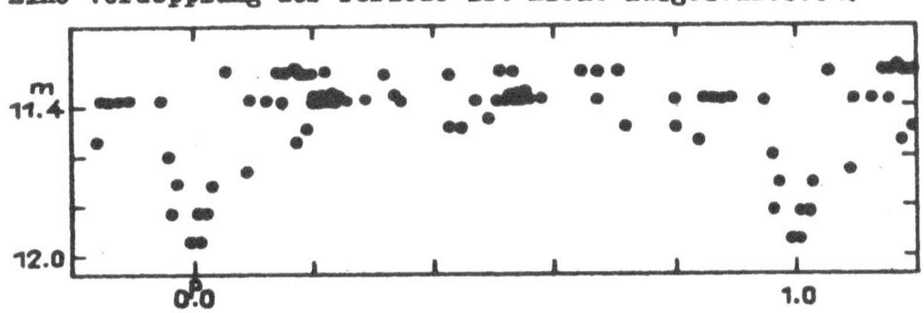

S 5648 Aps Bedeckungs-Stern? $14^{m}.7$ – $15^{m}.0$

Der Stern konnte wegen seiner kleinen Amplitude nicht auf allen Platten genau eingestuft werden. Es ist möglich, daß Bedeckungs-

Lichtwechsel vorliegt.

<u>DV Aps</u> Mira-Stern; $14^m_.2$ – [$15^m_.6$

Der Veränderliche erreichte bei 243 6758 ein Maximum. Auf- und Abstieg verlaufen langsam.

<u>DX Aps</u> Mira-Stern; $13^m_.9$ – [$15^m_.7$

Von 243 6690 bis 6770 ist der Veränderliche unsichtbar. Ab 6780 beginnt ein Aufstieg, und ungefähr bei 6822 wird das Maximum erreicht.

<u>S 5651 Aps</u> RRab-Stern; $14^m_.2$ – $15^m_.7$

Max. = 243 6720.350 + $0^d_.4958 \cdot E$

t(max)–t(min) = $0^P_.10$

JD	E	B–R	JD	E	B–R
243 6720.411	0	+$0^d_.061$	243 6776.358	113	–$0^d_.017$
6725.431	10	+0.123	6778.361	117	+0.002
6728.384	16	+0.101	6783.306	127	–0.011
6729.343	18	+0.069	6784.362	129	+0.054
6730.347	20	+0.081	6787.278	135	–0.005
6732.335	24	+0.086	6789.226	139	–0.040

Die drei hellsten Beobachtungen wurden bei E=117, E=127 und E=135 gefunden.

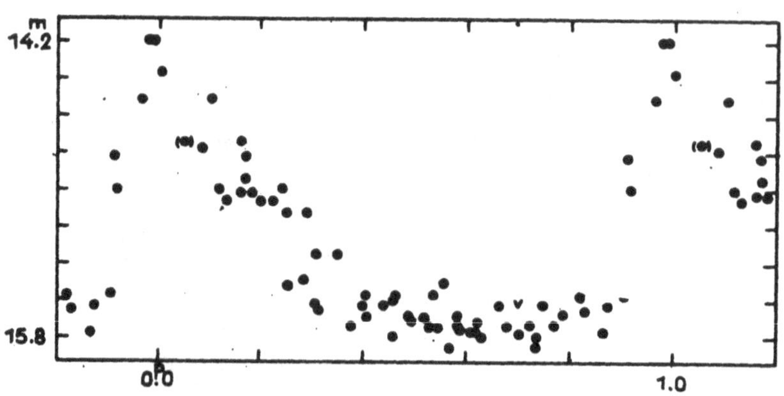

<u>DY Aps</u> RRab-Stern; $13^m_.8$ – $14^m_.8$

Max. = 243 6729.320 + $0^d_.6224 \cdot E$

t(max)–t(min) = $0^P_.10$

JD	E	B-R	JD	E	B-R
243 6729.343	0	+0^{d}.023	243 6787.278	93	+0^{d}.075
6747.351	29	-0.019	6790.384	98	+0.069
6772.251	69	-0.015	6810.249	130	+0.017
6778.488	79	-0.002			

Bei E=79 ist der Stern am hellsten.

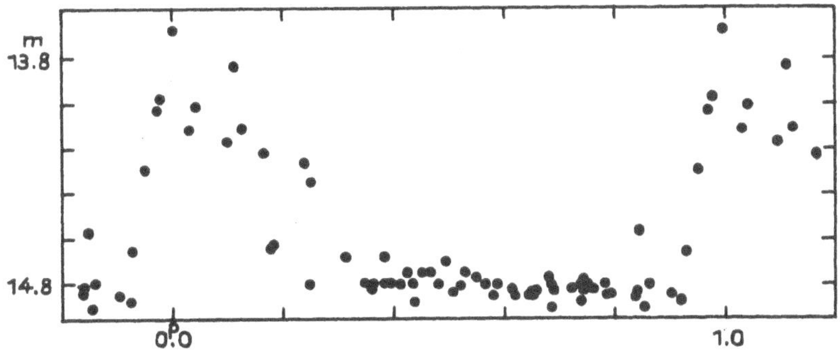

<u>EE Aps</u> RRab-Stern; 13^{m}.6 - 15^{m}.0

Max. = 243 6778.440 + 0^{d}.4988·E

t(max)-t(min) = 0^{p}.08

JD	E	B-R	JD	E	B-R
243 6778.466	0	+0^{d}.026	243 6811.377	66	+0^{d}.016
6790.384	24	-0.027	6812.360	68	+0.002
6809.392	62	+0.026	6836.302	116	+0.001
6810.335	64	-0.028			

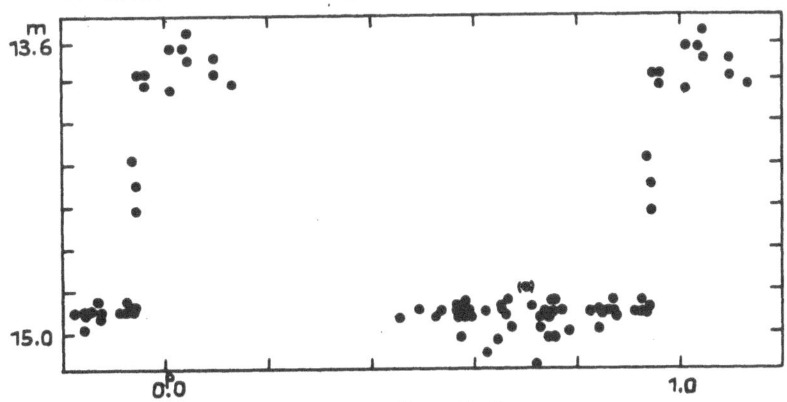

<u>S 5654 Aps</u> Mira-Stern; 14^{m}.0 - [15^{m}.8

Sein Maximum erreicht der Veränderliche bei 243 6815. Außerdem wurden zwei Beobachtungen im Abstieg bei 6690 gefunden, so daß eine Periode von annähernd 150^{d} möglich sein könnte.

S 5655 Aps RR-Lyrae-Stern? $15^m.3 - 15^m.8$

Der Stern kann auf den Platten wegen seiner schwachen Helligkeit nicht sicher beobachtet werden. RR-Lyrae-Lichtwechsel ist nicht ausgeschlossen.

DZ Aps RRab-Stern; $14^m.5 - 15^m.3$
Max. = 243 6690.420 + $0^d.5521 \cdot E$
t(max)-t(min) = $0^p.12$

JD	E	B-R	JD	E	B-R
243 6690.399	0	$-0^d.021$	243 6773.216	150	$-0^d.019$
6731.340	74	+0.065	6784.362	170	+0.085
6732.335	76	-0.045	6789.226	179	-0.020
6772.251	148	+0.120	6790.384	181	+0.034

Der Veränderliche war schwierig zu beobachten, zumal viele Aufnahmen wegen eines Nachbarsterns ungeeignet waren.

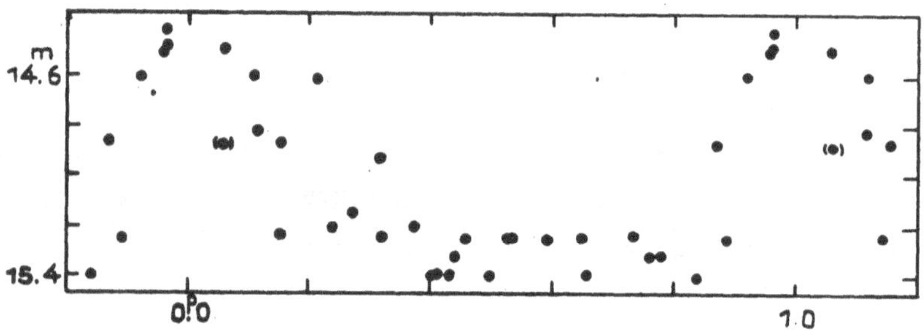

EG Aps RRab-Stern; $14^m.8 - 15^m.6$ Abb. S. 451
Max. = 243 6725.470 + $0^d.5289 \cdot E$
t(max)-t(min) = $0^p.15$

JD	E	B-R	JD	E	B-R
243 6725.431	0	$-0^d.039$	243 6775.218	94	$+0^d.031$
6732.335	13	-0.011	6776.245	96	+0.001
6733.517	15	+0.114	6778.382	100	+0.022
6734.515	17	+0.054	6785.235	113	-0.001
6759.311	64	-0.009	6788.387	119	-0.022

EF Aps Algol-Stern; $12^m.3 - 13^m.3$
Min. = 243 6760.20 + $10^d.06 \cdot E$

JD	E	B-R
243 6760.28	0	$+0^d.08$
6780.22	2	-0.10
6790.38	3	0.00

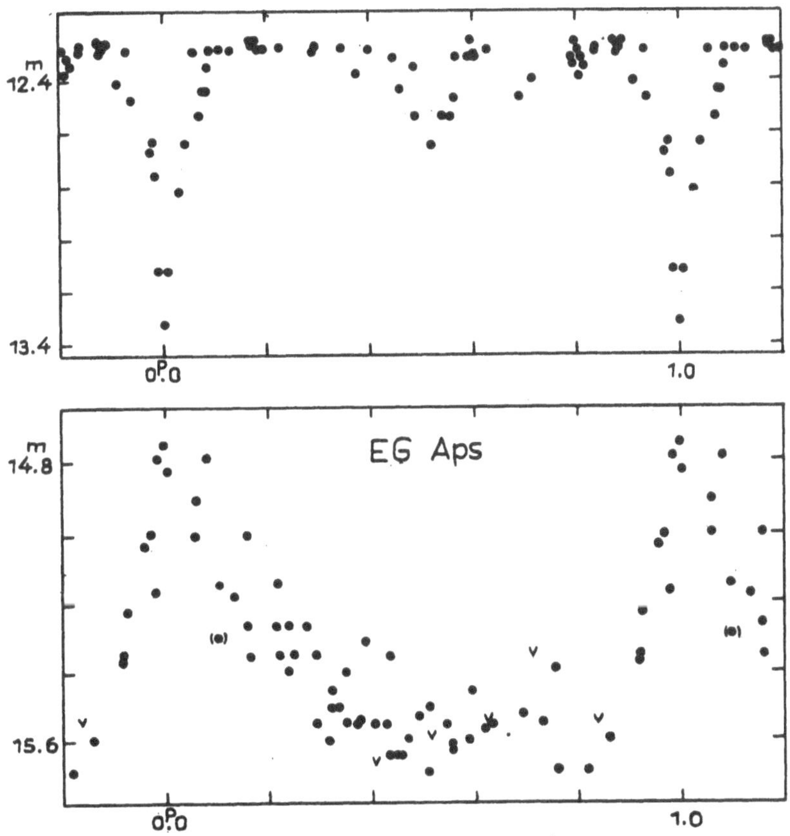

S 5659 Aps   Bedeckungs-Stern? $14\overset{m}{.}8$ - $15\overset{m}{.}5$

Die Bearbeitung des Sterns konnte wegen seiner geringen Helligkeit auf einem großen Teil der Platten nicht durchgeführt werden. Die drei gefundenen Schwächungen sind nicht ausreichend für die Bestimmung der Elemente. Sie liegen bei 243 6760.281, 6775.218 und 6783.306.

EH Aps   RRab-Stern; $15\overset{m}{.}0$ - $15\overset{m}{.}8$
Max. = 243 6728.420 + $0\overset{d}{.}4684$·E
t(max)-t(min) = $0\overset{P}{.}12$

JD	E	B-R	JD	E	B-R
243 6728.426	0	$+0\overset{d}{.}006$	243 6730.347	4	$+0\overset{d}{.}053$
6729.343	2	-0.014	6734.515	13	+0.006

JD	E	B–R	JD	E	B–R
243 6760.281	68	$+0\overset{d}{.}010$	243 6811.328	177	$+0\overset{d}{.}001$
6788.387	128	+0.012	6812.260	179	-0.004

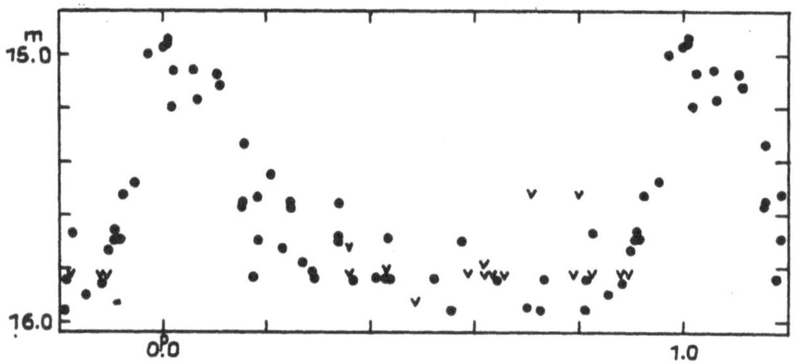

S 5661 Aps   RR-Lyrae-Stern; $15\overset{m}{.}3$ – [$15\overset{m}{.}6$

Die Beobachtungsgenauigkeit wird beeinträchtigt durch die geringe Helligkeit des Sterns. Im Maximum scheint er bei 243 6773.216, 6778.231, 6787.278, 6804.233 und 6812.381 zu sein. Mit diesen Daten eine Periode zu finden, gelang nicht.

EM Aps   RRab-Stern; $14\overset{m}{.}4$ – $15\overset{m}{.}3$ Abb. S. 453

Max. = 243 6690.350 + $0\overset{d}{.}6028 \cdot E$

t(max)-t(min) = $0\overset{p}{.}15$

JD	E	B–R	JD	E	B–R
243 6690.399	0	$+0\overset{d}{.}049$	243 6784.362	156	$-0\overset{d}{.}025$
6728.384	63	+0.058	6789.226	164	+0.017
6731.340	68	0.000	6804.233	189	-0.046
6746.389	93	-0.021	6810.249	199	-0.058
6760.281	116	+0.006	6812.248	202	+0.132
6778.361	146	+0.002	6836.281	242	+0.053
6780.219	149	+0.052			

EN Aps   RRab-Stern; $14\overset{m}{.}7$ – $15\overset{m}{.}5$

Max. = 243 6728.430 + $0\overset{d}{.}4500 \cdot E$

t(max)-t(min) = $0\overset{d}{.}15$

JD	E	B–R	JD	E	B–R
243 6728.426	0	$-0\overset{d}{.}004$	243 6778.361	111	$-0\overset{d}{.}019$
6729.343	2	+0.013	6783.306	122	-0.024
6747.351	42	+0.021	6809.413	180	-0.017
6761.309	73	+0.029	6810.313	182	-0.017
6775.218	104	-0.012	6811.238	184	+0.008

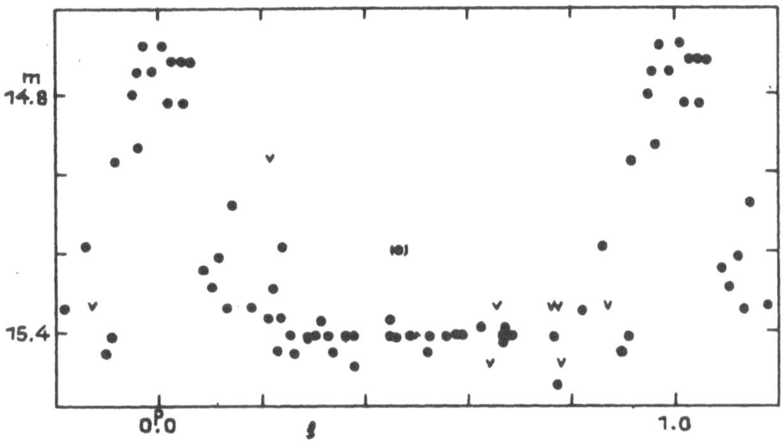

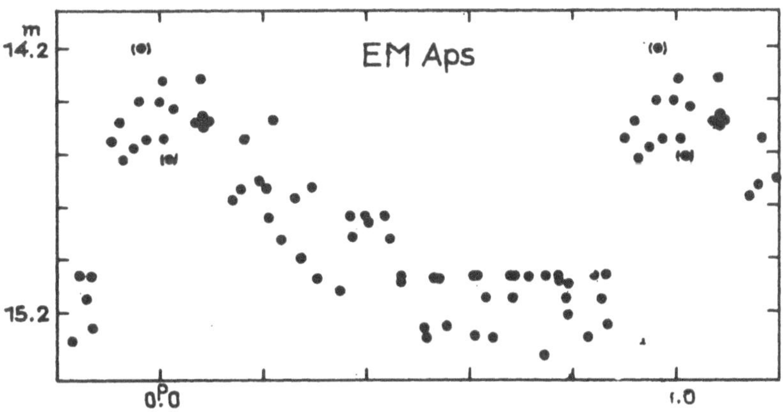

S 5664 Aps   Mittellange Periode? $14^m.2 - 15^m.2$

Es handelt sich wahrscheinlich bei diesem Veränderlichen um halbregelmäßigen Lichtwechsel mit Maxima bei 243 6690 und 6770. Die Lichtkurve (sie weist einige Beobachtungslücken auf) läßt es jedoch auch nicht völlig ausgeschlossen erscheinen, daß Bedeckungslichtwechsel vorliegt, dessen Minima bei 243 6729 und 6808 liegen.

S 5665 Aps   RRab-Stern; $14^m.4 - 15^m.5$

Max. = 243 6729.240 + $0^d.6209 \cdot E$

t(max)-t(min) = $0^P.15$

JD	E	B-R	JD	E	B-R
243 6729.343	0	$+0^d.103$	243 6780.219	82	$+0^d.065$
6732.335	5	−0.009	6809.328	129	−0.008
6747.351	29	+0.105	6811.238	132	+0.039
6760.281	50	−0.004	6812.424	134	−0.017
6775.218	74	+0.031	6816.240	140	+0.074
6778.274	79	−0.017			

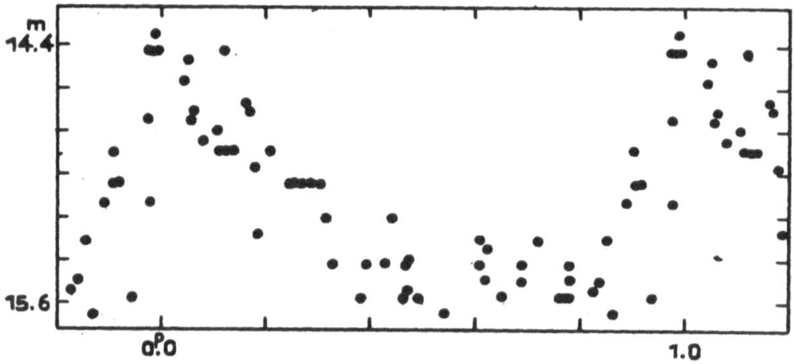

<u>S 5666 Aps</u> Unregelmäßig; $13^m.4 - 13^m.8$

Der Stern ist von 243 6720...6735 konstant im Maximum. In der Zeit von 6745...6835 scheint eine Periode von etwa 12 Tagen angedeutet (siehe Lichtkurve).

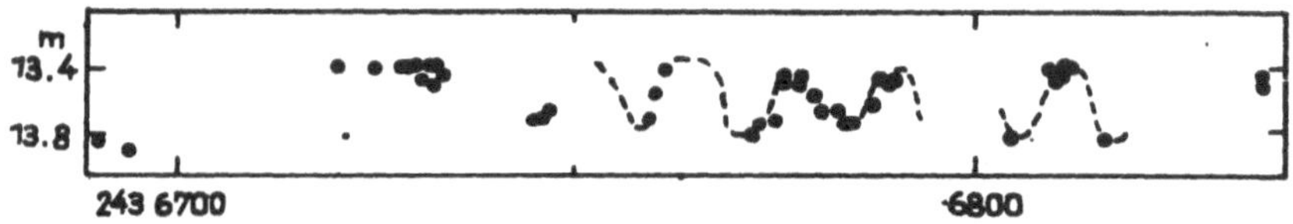

<u>EO Aps</u> Mira-Stern; $12^m.5 - [15^m.5$

Von 243 6690...6760 ist der Veränderliche unsichtbar. Der ab 6770 beginnende Aufstieg erreicht bei etwa 6840 sein Maximum. Wegen Beobachtungslücken ist diese Annahme jedoch etwas unsicher.

<u>EQ Aps</u> RRab-Stern; $14^m.8 - 15^m.5$

Max. = 243 6720.390 + $0^d.4665 \cdot E$

t(max)-t(min) = $0^p.18$

JD	E	B-R	JD	E	B-R
243 6720.411	0	$+0^d.021$	243 6790.384	150	$+0^d.019$
6776.335	120	−0.035	6811.377	195	+0.020
6778.231	124	−0.005	6812.293	197	+0.003
6785.235	139	+0.002			

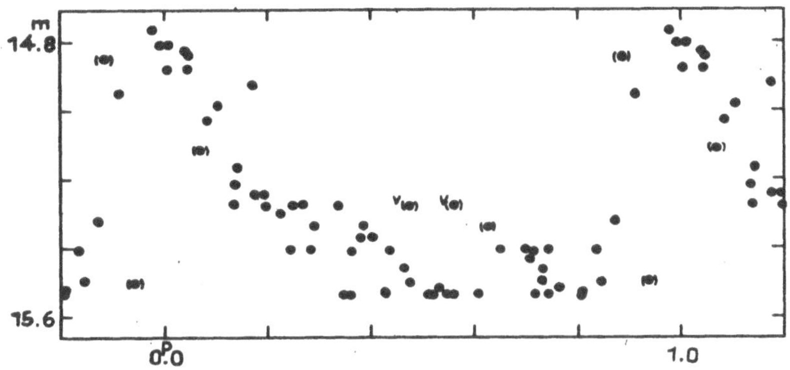

S 5669 Aps Langsam veränderlich; $14^m_.0 - 15^m_.0$

Der Lichtwechsel des Veränderlichen erfolgt langsam. Es hat fast den Anschein, als handelt es sich um einen Bedeckungsstern, dessen Nebenminimum bei 243 6735 liegt und das darauffolgende Hauptminimum bei 6780 (≈ 12 Tage Dauer). Das Beobachtungsmaterial müßte reichhaltiger sein, um diesen Stern genauer klassifizieren zu können. RV-Tauri-Art ist ebenfalls nicht ausgeschlossen.

S 5670 Aps W-UMa-Stern; $12^m_.8 - 13^m_.3$

Min. = 243 6720.400 + $0^d_.474 \cdot E$

JD	E	B-R	JD	E	B-R
243 6720.411	0	$+0^d_.011$	243 6787.278	141	$+0^d_.044$
6725.431	10.5	+0.054	6788.387	143.5	-0.032
6730.347	21	-0.007	6809.286	187.5	+0.011
6772.251	109.5	-0.052	6810.249	189.5	+0.026
6773.216	111.5	-0.035	6811.377	192	-0.031
6776.336	118	+0.004	6812.381	194	+0.025
6778.231	122	+0.003	6836.324	244.5	+0.031

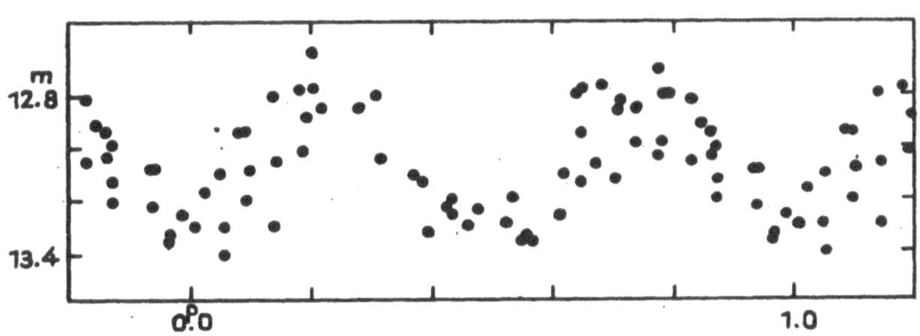

ES Aps Bedeckungs-Stern; $13^m_.9 - 14^m_.4$

Die drei Schwächungen, die von dem Stern bei 243 6759.311, 6790.384 und 6810.335 gefunden wurden, reichten zur Bestimmung der Elemente nicht aus.

ER Aps RRab-Stern; $13^m_.0 - 13^m_.8$

Max. = 243 6720.420 + $0^d_.4311 \cdot E$

t(max)-t(min) = $0^p_.18$

JD	E	B-R	JD	E	B-R
243 6720.411	0	$-0^d_.009$	243 6809.244	206	$+0^d_.017$
6730.347	23	+0.012	6812.248	213	+0.004
6781.221	141	+0.016			

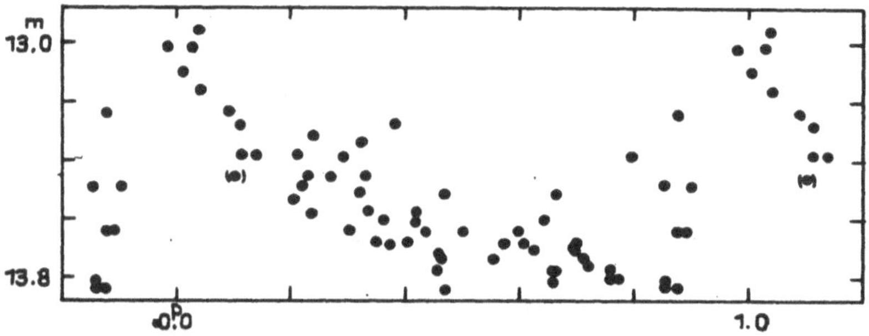

456

S 5673 Aps Bedeckungs-Stern? $15^m_.0 - 15^m_.3$

Auf einem großen Teil der Platten konnte der Stern wegen seiner geringen Helligkeit nicht beobachtet werden. Außerdem ist die Amplitude nur klein, so daß eine Klassifizierung nicht möglich war.

ET Aps Bedeckungs-Stern; $11^m_.5 - 12^m_.1$

Der Stern ist zumeist konstant im hellen Licht. Bei 243 6781.221 und 6804.233 ist er wenig geschwächt. Die Schwächung bei 6809.244 dagegen ist stärker und zeigt anschließend einen Aufstieg der Helligkeit, die sich bei .371 bereits wieder im Maximum befindet. Es ist nicht völlig ausgeschlossen, daß die Minima tiefer liegen, als beobachtet werden konnte.

EU Aps RRab-Stern; $12^m_.7 - 13^m_.9$

Max. = 243 6694.370 + $0^d_.5602 \cdot E$

t(max)-t(min) = $0^p_.20$

JD	E	B-R	JD	E	B-R
243 6694.433	0	+0ᵈ.063	243 6772.251	139	+0ᵈ.013
6731.340	66	-0.003	6778.382	150	-0.018
6745.370	91	+0.022	6781.221	155	+0.020

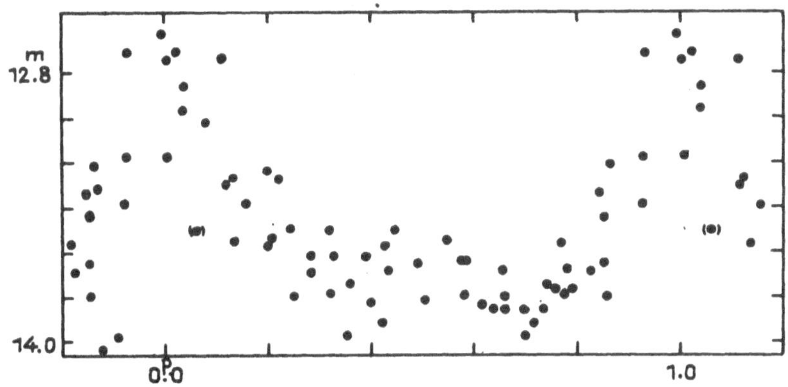

S 5676 Aps   β-Lyrae-Stern; 11ᵐ.3 - 11ᵐ.8
Min. = 243 6729.330 + 0ᵈ.7988·E

JD	E	B-R	JD	E	B-R
243 6729.343	0	+0ᵈ.013	243 6775.218	57.5	-0ᵈ.043
6731.340	2.5	+0.013	6781.221	65	-0.031
6734.515	6.5	-0.007	6785.235	70	-0.011
6747.351	22.5	+0.048	6789.226	75	-0.014
6759.311	37.5	+0.026	6809.244	100	+0.034
6761.309	40	+0.027	6811.261	102.5	+0.054
6773.216	55	-0.048			

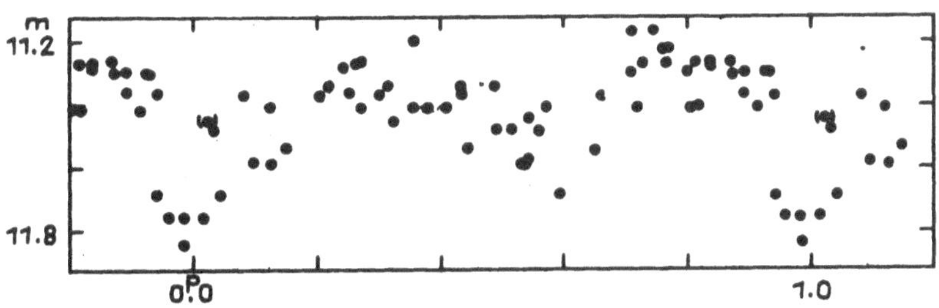

EV Aps   RRc-Stern; 12ᵐ.1 - 12ᵐ.5
Max. = 243 6725.390 + 0ᵈ.2834·E
t(max)-t(min) = 0ᵖ.25

JD	E	B-R	JD	E	B-R
243 6725.431	0	+0ᵈ.041	243 6731.340	21	-0ᵈ.001
6729.343	14	-0.015	6734.515	32	+0.056

JD	E	B–R	JD	E	B–R
243 6746.389	74	$+0^{d}.027$	243 6785.235	211	$+0^{d}.048$
6760.281	123	+0.033	6809.265	296	−0.011
6776.401	180	−0.001	6811.238	303	−0.022
6778.361	187	−0.025	6812.402	307	+0.008
6781.221	197	+0.001	6836.239	391	+0.040
6784.362	208	+0.025			

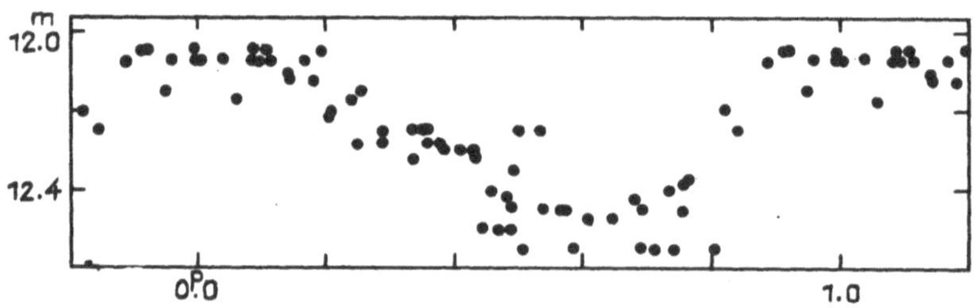

S 5678 Aps   Langsam veränderlich; $13^{m}.7$ – $14^{m}.5$

Ab 243 6690 erfolgt ein sehr flacher Abstieg, der bis 6836 andauert. Es ist möglich, daß der Stern vor der Beobachtungszeit noch heller war.

S 5679 Aps   RRab-Stern; $15^{m}.2$ – $15^{m}.9$

Max. = 243 6690.400 + $0^{d}.5447 \cdot E$

$t(max)-t(min) \approx 0^{p}.10$

JD	E	B–R	JD	E	B–R
243 6690.399	0	$-0^{d}.001$	243 6785.235	174	$+0^{d}.057$
6720.411	55	+0.053	6804.233	209	−0.009
6732.335	77	−0.007	6810.249	220	+0.015
6734.515	81	−0.006	6811.328	222	+0.005
6773.216	152	+0.022	6816.240	231	+0.014

Der Stern ist randnah und sehr lichtschwach, so daß viele Platten für eine Beobachtung ungeeignet waren.

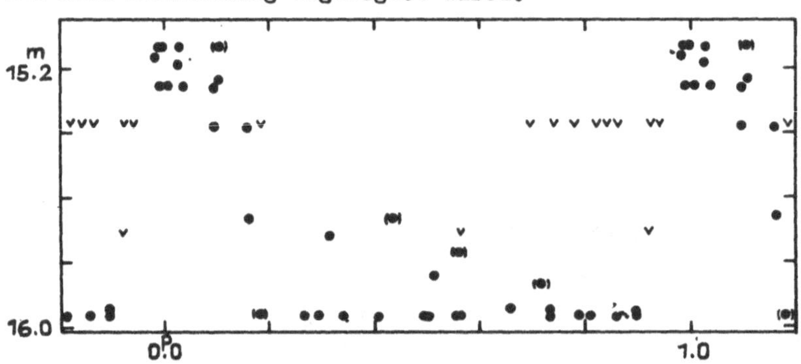

<u>EY Aps</u> RRab-Stern; $13^{m}.7$ – $14^{m}.9$

Max. = 243 6729.360 + $0^{d}.6073 \cdot E$

t(max)-t(min) = $0^{p}.12$

JD	E	B–R	JD	E	B–R
243 6729.343	0	$-0^{d}.017$	243 6811.328	135	$-0^{d}.017$
6746.389	28	+0.025	6816.240	143	+0.036
6785.235	92	+0.003	6836.239	176	-0.006

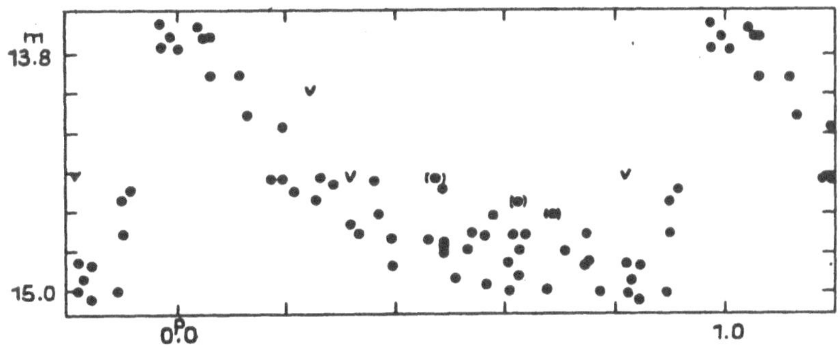

<u>EZ Aps</u> RRab-Stern; $14^{m}.8$ – $15^{m}.6$

Max. = 243 6720.400 + $0^{d}.524 \cdot E$

t(max)-t(min) = $0^{p}.12$

JD	E	B–R	JD	E	B–R
243 6720.411	0	$+0^{d}.011$	243 6781.221	116	$+0^{d}.037$
6729.343	17	+0.035	6804.233	160	-0.007
6734.515	27	-0.033			

Wegen Lichtschwäche und Randnähe war der Veränderliche nicht gut zu beobachten.

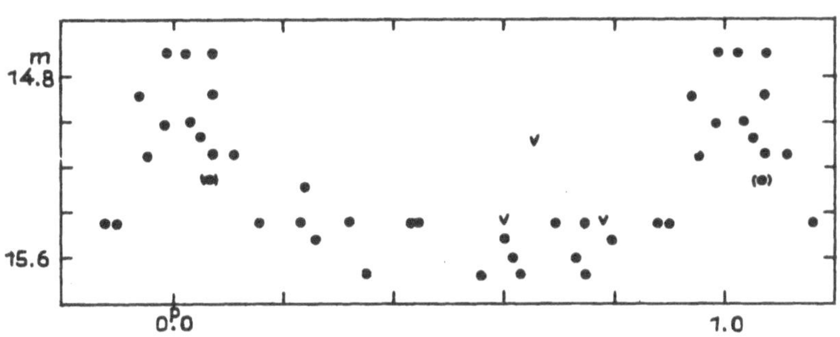

FSC
www.fsc.org
MIX
Papier | Fördert
gute Waldnutzung
FSC® C083411

Zeitfracht Medien GmbH
Ferdinand-Jühlke-Straße 7
99095 Erfurt, Deutschland
produktsicherheit@kolibri360.de